环保进行时丛书

环保从我做起

HUANBAO CONGWOZUOQI

主编：张海君

花山文艺出版社
河北·石家庄

图书在版编目（CIP）数据

环保从我做起 / 张海君主编. —石家庄 ：花山文艺出版社，2013.4（2022.3重印）

（环保进行时丛书）

ISBN 978-7-5511-0953-6

Ⅰ.①环… Ⅱ.①张… Ⅲ.①环境保护－青年读物②环境保护－少年读物 Ⅳ.①X-49

中国版本图书馆CIP数据核字(2013)第081072号

丛 书 名： 环保进行时丛书
书　　名： 环保从我做起
主　　编： 张海君

责任编辑： 梁东方
封面设计： 慧敏书装
美术编辑： 胡彤亮
出版发行： 花山文艺出版社（邮政编码：050061）
（河北省石家庄市友谊北大街 330号）
销售热线： 0311-88643221
传　　真： 0311-88643234
印　　刷： 北京一鑫印务有限责任公司
经　　销： 新华书店
开　　本： 880×1230　1/16
印　　张： 10
字　　数： 160千字
版　　次： 2013年5月第1版
2022年3月第2次印刷
书　　号： ISBN 978-7-5511-0953-6
定　　价： 38.00元

目　录

第一章　低碳生活，我们共同的期待

一、低碳生活，你也可以 …………………………… 003
二、低碳是一种态度 …………………………… 004
三、环保新概念，低碳新生活 …………………………… 009
四、让低碳消费成为时尚 …………………………… 010
五、低碳生活　从现在开始 …………………………… 014

第二章　九大危害，让地球警钟长鸣

一、大气污染：让地球无法自由呼吸 …………………………… 019
二、臭氧层空洞：被破坏的地球保护伞 …………………………… 023
三、垃圾：让地球不再安全 …………………………… 025
四、酸雨：空中的可怕死神 …………………………… 029
五、气候灾害：让人类一痛再痛 …………………………… 033
六、海洋污染：人类失去的不仅是食物 …………………………… 038
七、陆地污染：将来我们还能吃什么 …………………………… 046

八、森林砍伐：人和动物一样将无家可归 …… 055

第三章 加入低碳队伍，打造低碳空间

一、我们的城市期待蓝天 …… 065
二、低碳城市呼唤低碳汽车 …… 068
三、让自行车回归 …… 073
四、绿色建筑：低碳的呼唤 …… 076
五、低碳城市的美丽蓝图 …… 088
六、打造美丽的低碳乡村 …… 090
七、享受绿地的乐趣 …… 096
八、别把垃圾留给大自然 …… 101

第四章 低碳新主张，让世界更精彩

一、远离电磁波的危害 …… 105
二、科学享用空调与电扇 …… 108
三、多利用自然光 …… 109
四、无噪音的幸福生活 …… 111
五、杜绝“白色”污染 …… 113
六、远离方便塑料袋 …… 114
七、选择绿色包装 …… 116
八、别赶湿巾的时髦 …… 118

九、改造旧物也环保 …………………………………… 119
十、这样做，水会变多 ………………………………… 120
十一、播种自己的减碳树 ……………………………… 122
十二、拒绝香烟 ………………………………………… 123
十三、爱护我们的地球 ………………………………… 125

第五章　碳文化帮你提高低碳意识

一、转变意识，拥抱低碳 ……………………………… 129
二、节能减排，不能不说的话题 ……………………… 134
三、提高能源效率意识 ………………………………… 135
四、认识低碳新动力 …………………………………… 140
五、我国的生态维护与绿色创建 ……………………… 147

第一章

低碳生活，我们共同的期待

一、低碳生活，你也可以

现代人的生活方式对全球气候变化造成了巨大影响。人们在生活和消费过程中的过量排放碳，是造成全球气候变暖的重要因素之一。过度消费、奢侈消费、便利消费等行为，严重浪费能源，增加污染。高碳排放的不良消费和生活方式，大大增加了碳排放量。

在世界范围呼吁减碳的声浪中，普通民众拥有改变未来的力量。低碳生活看起来很遥远，其实和我们每一个人都息息相关。从减少空调的使用到乘坐公交出行，从采用发条式闹钟取代电子钟到使用再生纸，上下楼尽量不乘坐电梯，将洗手、洗脸的水收集起来拖地、冲厕所，把家中的灯全换成节能灯，去超市购物时用自己准备的布袋子，这些日常生活中随手可做的事都属于“低碳生活”。

绿色环保购物袋

有人怀疑低碳生活会导致生活品质下降，其实低碳生活与健康、绿色、幸福的品质生活，从本质上讲是一致的，它们彼此并不矛盾。低碳生活仅仅是指人在日常生活中尽量降低能量消耗，从而降低二氧化碳的排放。

低碳生活对于普通百姓来说，其实是很容易做到的一种生活方式，只要生活中注意节电、节油、节气，就会降低二氧化碳排放。低碳生活还是一种健康的生活方式——多吃素、少吃荤，也可以降低碳排放。少吃荤就可以减少家禽家畜的饲养量，而这些家禽家畜饲养量的减少可以降低二氧化碳的排放，而且这样也可以做到饮食低脂、低糖，对身体有益。健康、绿色的生活方式还有很多，比如坐公交出行，不吃煎炸食品，少用一次性物品，白天可以把太阳光引入室内，从而减少开日光灯的时间。

多植树也可以达到降低碳排放。如果你的工作和生活中，有些碳的排放是不可避免的，你想为环境做贡献，那么就可以去植树，通过所植树木来吸收二氧化碳。

二、低碳是一种态度

低碳生活就是尽可能减少不可再生的化石能源的使用，低碳涵盖了衣食住行，已经深深地嵌入生活的每一个细节。

我们买衣服时，可以选择环保面料并减少洗涤次数；洗涤衣物时选择手洗，减少因机洗而产生的二氧化碳排放。在饮食上，尽量选择购买本地、季节性食品，少吃肉类，因为每吃1千克牛肉，所排放的二氧化碳量约30千克，这是因为肉类食物要消耗包括屠宰、加工、运输等过程中众多的能源，减少食肉量就可以减少二氧化碳的排放；使用少油少盐少加工的烹饪方法，健康的不仅是自己，还有地球。而在选择居住时不必一味追求面积的大小，关键是要理智选择适合户型。因为住房面积减少可以降低水电的用量，这在无形之中就减少了二氧化碳的排放量。行，就是选择合适的汽车车型，多乘坐公共交通工具。汽车是二氧化碳的排放大户，应尽量选择低油耗、更环保的汽车。

低碳经济是人类永恒的话题，在生活各个方面对于人类的影响都是显而易见的，使用节能灯、节约用水、少开私家车、坚持爬楼、不用电脑时选择关机……这些办法都可以减少碳排放。这样做也不用担心会降低生活质量，实际上，低碳的真实含义是使生活对环境影响更小或有助改善环境。

现在频发的自然灾害、加速灭绝的物种等现象已一再告诉我们，地球只有一个，人类不止百代，危情时不我待。每人首先应该要求自己做个低碳使者、环保主义者，进而再影响他人。对于众多普通人来说，低碳是一种生活方式，更是一种态度。我们需要好好反省一下自己的生活、工作、消费习惯，哪些属于“高碳”范围的，要常提醒自己高碳生活不仅浪费钱，也不道德，是对子孙后代的极不负责的表现。久而久之，持之以恒，那么，低碳生活就能成为一种全社会的流行时尚和道德自律。

今天，地球气温持续升高，自然灾害不断，环境污染严重，气候日益变暖直至不适宜人类和其他物种生存，作为始作俑者的人类，应该深刻反省和忏悔。与过去的农耕时代天人合一的生活方式不同，工业化生活更强调人与自然对抗，并且它还给了人对抗自然的能力。酷暑人们享受冷气，冬天用电、煤、气来烧出暖气，

环境问题不容忽视

出门以汽车代步，这些给人们的生活带来了舒适与便利，但是并不是无条件的，人类在享受的同时也付出了高昂的代价。如果不能充分意识到既有的工业化生活模式的致命缺陷，并予以主动、积极地改正，人类就会受到气候和生态恶化的惩罚。

伴随着全球工业化不断深入，二氧化碳等温室气体大量排出，使全球气温持续升高、气候发生变化，近十年是有记录以来全球最热的十年。温度的升高不仅仅威胁部分国家，它同时也给人类的健康造成了巨大灾难。由于气温升高、脱水现象增多，泌尿系统结石患者将增加，环境温度升高会使蚊子和浮游生物大量繁殖，使登革热、疟疾和脑炎等时有爆发；温度升高，凉风减少会加剧臭氧污染，肺部感染人数将增多，极易引发肺部感染加重；随着二氧化碳水平和温度的逐渐升高，花期提前来临，花粉生成量增加，使过敏人数不断增多；水温升高导致蓝藻迅猛繁衍，从市政供水体系到天然湖泊都会受到污染，从而引发消化系统、神经系统、肝脏和皮肤疾病。

温室气体的大量排放

温室气体给全球带来的危机扣动了人们忧患意识的扳机，因此哥本哈根气候变化峰会被冠以“有史以来最重要的会议”、“改变地球命运的会议”等各种重量级头衔。本次峰会上，不少国家纷纷宣布自己的减碳目标。中国决定，到2020年中国单位GDP的二氧化碳排放将比2005年减少40%～45%。

虽然中国做出了承诺，但是世界很多国家仍就减排问题进行着艰苦的选择，这次会议试图建立一个温室气体排放的全球框架最终没有形成。但低碳这个概念几乎得到了广泛认同，它也让很多人对当前的生产和生活方式开始了深刻的反思。

应对气候变化，减少碳排放，普通人能做的就是从生活的点滴入手，如果大家都选择低碳的生活方式，把它当作一种时尚，那么效果将是非常明显的。正因为如此，现在全世界流行一种生活：低碳生活。

目前，加入低碳队伍的人逐渐增多。他们积极倡导节能减排，“走路还是开车？”“爬楼梯还是坐电梯？”“室温28℃还是26℃？”这些问题逐渐成了大家认真考虑的问题。这批以实际行动减少生活中碳排放的人也因此得到了一个共同的称号——低碳族。

不少低碳族，用每天的淘米水洗脸洗手，即美白皮肤又节约用水；用过的面膜纸保留下来，用它来擦首饰、擦家具的表面或者擦皮带，不仅擦得亮还能留下面膜纸的香气；将废旧报纸铺垫在衣橱的最底层，不仅可以吸潮，还能吸收衣柜中的异味；喝过的茶叶渣，把它晒干，做一个茶叶枕头，很舒适，还能帮助改善睡眠。

不少低碳族还把低碳理念带给了周围的人，传播他们的“绿色出行令”，如果按照承诺书执行，他们每人每天都能减少数量可观的碳排放。不少家庭愿意加入到绿色出行的队伍中，很多家庭也开始用洗脸水冲厕所、手洗脏衣服、随身带水杯、出门乘地铁，这些都是低碳族生活的真实写照。

正是这些人的不断参与，不断以减少温室气体的排放来拯救地球，所以我们相信美国大片《2012》中人类被地球巨变所驱赶，失去陆地，只得无奈迁入海中的严峻状况是不会出现的。

在家的时候，不使用的电器就关闭电源并且拔下插头；在公司的时候，使用的电脑和复印机也是这样。这就是我们身边的低碳生活方式。

《2012》电影海报

电器关机但不拔插头，全国每年待机浪费的电量相当于三个大亚湾核电站年发电量，而每100度电要排放78.5千克二氧化碳，这样算下来的话将会有巨量的温室气体排放入大气。

有的人放弃开私家车，选择自行车或是公交、地铁出行。他们认为，汽车尾气要排放出大量的二氧化碳，能够通过公共交通方式出行，自然是最好不过。刚开始这样做的时候有些不习惯，但慢慢地，他们开始适应这种生活。不少人发现，并不是只有他们在坚持着这种方式，还有其他人也逐渐参与进来。

有些人则是在买衣服上开始变得节俭。以前很爱买衣服，每个月都少不了和朋友一起去“血拼”。要是遇上节假日促销，更是大包小包，家里衣橱都有些塞不下。当了解了大气的温室效应后，他们认为频繁购买新衣恰恰是一种不环保的行为。一件普通的衣服从原料变成面料，从成衣制作到物流，从穿用到最终被废弃，都在排放二氧化碳，并对环境造成一定的影响，所以加入低碳族后，这些人现在买衣服的时候会为每一件衣服计算碳排放量，并且尽量少买衣服，这样做不是为了省钱，是为了减少二氧化碳排放，用行动践行低碳生活。

低碳生活是每个人都能做到的，它是我们需要追求的一种状态，并且，这种状态应该是可以轻松做到的。

三、环保新概念，低碳新生活

联合国气候变化大会于2009年12月7日在丹麦首都哥本哈根开幕，此后的几天，报纸、电视和网络上最火的词就是低碳了。

低碳时代一夜之间到来了，节水、节电、节油、节气是我们倡导的低碳生活方式。原本有些陌生与拗口的词，因为这场会议开始走进公众生活，全球减碳的行动得到更多人的积极响应，而且低碳生活也成了新的时尚，流行起来。

低碳建筑

随着对低碳的了解，不少人开始了自己的低碳生活，并且将这种方式秀出来，希望这样可以去影响周围的人以及更多的人，使低碳生活这种新的生活方式和生活态度被更多人接受。

很多人也意识到低碳环保才是真正的时尚，小行为也能带来大改变。比如说，一台150瓦台式电脑每天工作12小时，耗电近2度。如果一台电脑每天使用8小时，其他时间关闭，那么每年能减少83%的二氧化碳排放量；只关闭电脑而不关闭显示器和电源，也会消耗不少电量，从小习惯开始改变自己，低碳生活真的很容易做到。

出门少开车；日常生活中所用的水电气要注意节约，用洗脸水冲厕所、手洗脏衣服、随身带水杯、出去吃饭不用一次性餐具；买水果时，尽量挑应季水果，不买反季节水果，因为大棚种植水果会消耗大量能源；换节能灯、随手关灯、不开长明灯、以减少用电量。尤其是在家中降低水电气使用量，这样不仅环保，而且水电气费用也会降低，低碳生活还让不少人在家庭支出方面尝到了甜头。

现在越来越多的人加入低碳生活，以自己生活细节的改变来改变世界，而这个也说明气候变化已经不再只是环保主义者、政府官员和专家学者关心的问题，而是与每个人息息相关，低碳生活不只是一种理论，更是一种值得期待的理想的的生活新方式！

四、让低碳消费成为时尚

新消费运动就是坚持绿色的、可持续发展的低碳消费理念，并且以此来指导消费，它也将成为消费发展的新方向。

随着社会经济的发展，消费者的消费观念、消费行为也在悄然发生着变化，公众消费越来越追求多样性、追求个性、追求享受，炫富消费、攀比消费、盲目消费、高端消费也随之出现。出现这样的消费理念，是因为公众缺乏正确的消费引导，而现在的媒介广告还很推崇这样的消费，他们的推波助澜，导致了社会消费理念的偏差，从而造成对资源的浪费和对环境的破坏。

国内开展新消费运动

随着低碳生活的方式被人们所接受，低碳消费成了一种新消费运动。这种消费方式讲责任，讲环保，它崇尚理性消费，反对消费迷信；崇尚责任消费，反对消费炫富；崇尚文明消费，反对消费畸形。

低碳消费源自于低碳经济，低碳经济是指温室气体排放量尽可能低的经济发展方式，尤其是二氧化碳这一主要温室气体的排放量要有效控制。低碳经济不仅意味着制造业要加快淘汰高能耗、高污染的落后生产方式，推进节能减排的科技创新，而且还意味着各级消保部门应该引导公众反思哪些习以为常的消费模式和生活方式是浪费能源、增排污染的不良习惯，从而充分发掘各个领域节能减排的巨大潜力。低碳消费是戒除以高耗能源为代价的“便利消费”习惯，戒除使用一次性用品的消费习惯，戒除以大量消耗能源、大量排放温室气体为代价的面子消费、奢侈消费习惯以及全面加强以低碳饮食为主导的科学膳食平衡等。

我们每天做的事情无时无刻不在增加着二氧化碳排放量。为了自己和后代，不少人开始选择过一种低碳生活。低碳其实并不意味着要过苦日子，它也同样多彩并且时尚。

住在北京的一位白领，他有房有车，却很早就过上了节水节能的低碳生活。在他家里，水一定是循环使用到脏了才倒掉；除了冰箱，所有不用的电器插头一律拔掉；打印过的纸全部订成本子，记录一些花销；家里储着几袋子饮料瓶和废纸，每月把它们卖掉。

他购物时总是自带购物袋，可是有一回在超市买了一大堆东西，他偏偏忘了带袋子。柜台的小伙子问了他好几遍：“确定不要塑料袋吗？”他坚定地点了点头，然后自己抱着一大堆东西出去了。他家有很多接水的水桶，家里洗衣洗菜的水都留着冲厕所，因为他知道，每吨自来水从净化处理、运输、使用后变成污水排出，都会释放大量二氧化碳，省一点儿水便可以减少二氧化碳排放量，每少倒一千克垃圾也等于少排放一些二氧化碳。他觉得，每个环保小习惯虽然貌似微不足道，却有着重要意义。他认为有钱也不可以比别人占有更多的资源，给地球造成更大的负担，相反，更应该成为别人的生活榜样。其实，回收这些资源省不了几个钱，全是凭着一份对环境的责任感在坚持。现在，他还把自己的生活方式积极向朋友推荐。

低碳婚礼

他的一个女同事受到了他的影响。她是个穿衣服很有范儿的人，每次“亮相”，回头率总是极高，可是谁也不会想到，这位时尚达人却是个“低碳族”，如今的她已经快一年没买过全新的衣服了。她以前买衣服，看着好就买回来了，可是买回来了却没怎么穿，一件件衣服就在家里堆积起来。后来，她开始推崇低碳生活，为了减少碳排放，就尽量少买衣服。她衣柜里的衣服，找一个裁缝改改，高领变一字领、宽松变收腰、长袖变成九分袖、再变七分、再到短袖……这样，不仅省钱又有个性，还减少了对资源的浪费。

她说："其实我以前也挺注意环保的，但从没想过衣服跟环境的关系。有一天朋友给我发来了一篇文章，我看完心想：原来一件新衣服消耗资源那么多，我这节水省电的功德可全让它们给抵消了！"那天，她把衣柜翻了个底朝天，把所有衣服搭配重组了一遍。有些不能穿的自己改造，后来还把朋友不要的衣服捡过来。因为一件纯棉T恤，从地里的棉花，历经漂白、染色等工艺变成纱线、面料，制成成衣之后经过物流和穿用，经过多次洗涤烘干，直至最终变成垃圾掩埋降解或焚烧，都会排放大量的碳。

还有一位"低碳族"，她从低碳中找到了灵感，并且成功创业。一个偶然的机会，她在一个日本人的博客中发现了一种美丽如蛋糕糖果的冷制手工皂。这种制皂法许多年前从欧洲起源，以水+苛性钠(取自海盐)+油为主要原料，经过自然的皂化反应而成。最简单的手工肥皂，可以用厨房废弃的回锅油，以点心包装壳、月饼盒为模子做出来，清洁效果比买来的肥皂还好。而从制作这种清洁皂开始，她慢慢研究出了添加牛奶、鲜花、水果、绿茶等天然素材的美容护肤皂，并开了一家冷制皂淘宝店，把它变成了自己的职业。

冷制手工皂以天然有机植物油和果蔬药草做原料，不含任何动物油脂和化学合成成分，它与工业产香皂最大的不同就是不含有害化学添加剂，

与水接触后只会被分解成水和二氧化碳，而低于40℃的制作过程也保留了原料中的营养，因此它们不仅对肌肤温和，还保护了水资源和生态系统，有利于自然界中碳循环的正常进行。

经过她的苦心研究，家里现在几乎看不到化学合成洗涤剂的影子，从洗头、沐浴到洗碗，全家人都在用她的冷制皂，并经常帮她尝试改进新配方。由于每块皂都坚持用可回收材质手工包装，订单多时，忙到手酸腰痛是常有的事，但是她觉得能为减少碳排放做贡献，自己的付出是值得的。此外她还在博客上倡导：减碳需要我们每个人从身边做起，从现在做起。

五、低碳生活　从现在开始

少买一件衣服，多关一次电脑，使用节能灯具……从小事做起，减少日常生活中的二氧化碳排放量，低碳生活从我做起。

让低碳生活成为时尚

低碳生活无小事，你可以通过改变生活中的某些小习惯，减少不必要的二氧化碳排放，而不是让你去过苦日子。每个人都应该选择适合自己的低碳生活，而不是感觉被强迫或者生活品质下降。如果你打算选择低碳生活，不妨从你最愿意做的事情做起。冬天开空调可以在20℃以下，不要以为冬天过得像夏天才叫品质生活；尽量使用高压锅，目前所知它是最节约能源的把生食变成熟食的方式；用擦过汗的纸巾、用过的洁肤棉随手擦拭化妆台、桌面或电视机、电脑屏幕；用过的面膜晾干后是最好的去油污抹布；循环使用水，用淘米水洗脸会减少痤疮并且美白皮肤，洗菜的水浇花比清水更有营养；节制饮食，尤其少摄入高热量食物，营养过剩不仅浪费资源，你还必须去健身房或医院减肥，进行资源二次浪费。

以前，时尚白领以能坐在有空调的办公室里面办公而感到骄傲，并且以为奢侈的生活才叫时尚。这种观点是错误的。因为，你可以创造财富，却没有权利用它们奢侈地消耗能源，这不是有没有钱的问题，而是应不应该花的问题。所以不少有钱人已经着意开始低碳生活，他们节约的不是钱，而是生命本身。因为挥霍总是使时光飞快流逝，只有节制才能提醒人们珍惜。

在提倡低碳生活的今天，想过低碳生活其实很简单，你不妨参照下面的生活方法实现它。

少买不必要的衣服，每人每年少买一件不必要的衣服可相应减排二氧化碳6.4千克。

在居室内用一只10瓦节能灯，其照明效果等同于60瓦的普通灯泡，而且每分钟都比普通灯泡节电80%。

看电视的时候，把屏幕调暗一点。屏幕太亮，不但缩短电视机的寿命而且费电。调成中等亮度，既能省电又能保护视力。看完了电视，摁下遥控器并不是彻底关机，其实还在耗电。只有将电源拔下，它才彻底不耗

电。如果人人坚持，就能减少很多温室气体排放。

煮饭提前淘米，并浸泡20分钟，然后再用电饭锅煮，可以大大缩短米熟的时间，节电约10%，减少二氧化碳排放1.3千克。

买菜时少用一次性塑料袋，少用一个塑料袋能相应减少0.1克二氧化碳排放。

每天做饭时，减少3分钟的冰箱开启时间，一年可省下30度电，相应减少二氧化碳排放30千克。及时给冰箱除霜，每年可以相应减少二氧化碳排放上百千克。

吃饭时不浪费粮食，节约0.5千克大米可以少排放0.5千克二氧化碳，节约1千克牛肉可以少排放36千克二氧化碳，浪费0.5千克猪肉就会排放0.7千克二氧化碳。

小衣服用手洗，如果每月用手洗代替一次机洗，每台洗衣机每年可节能约1.4千克标准煤，相应减排二氧化碳3.6千克。选择晾晒衣物，避免使用滚筒式干衣机，每天可以减少2.3千克的二氧化碳排放。

出门前提前3分钟关空调，每台空调每年相应减排二氧化碳4.8千克。

使用传统的发条闹钟，取代电子闹钟，每人每天可以节省48克的二氧化碳排放。

每月少开一天车，每车每年可节油约44升，相应减排二氧化碳98千克。

去较低楼层改走楼梯、多台电梯在非繁忙时间只部分开启，大约可以减少10%的电梯用电，也可以减排二氧化碳。在附近公园中慢跑取代在跑步机上的45分钟锻炼，这样可以节省近1千克的温室气体排放。

第二章

九大危害，让地球警钟长鸣

一、大气污染：让地球无法自由呼吸

空气中固有成分以外的物质被称为污染物，如烟尘、二氧化碳、二氧化硫等物质，当这些污染物的浓度达到一定程度时，便会使原本清新的空气不再洁净，这种现象科学家称为大气污染。

工业化的发展和大规模使用煤炭给人类带来新的威胁——环境污染！煤燃烧之后的排放物几乎全部是污染物。某些人口和工业集中的城市，常年笼罩在烟雾弥漫之中，空气严重污染。这些有毒物质在地球上积蓄、蔓延，使一系列的公害事件接踵而至，各种源起受污染的病患也开始向人类报复。

大气污染的损害是多方面的，它既影响动、植物的生长，又破坏经济资源，甚至可以改变大气的性质。这其中尤其对人类的健康危害最引人注目。一般情况下，直接刺激呼吸道的有害化学物质(如二氧化碳、二氧化硫、硫酸雾、氯气、臭氧和烟尘等)被人体吸入后，首先引起支气管反射性收缩痉挛、咳嗽、喷嚏和气道阻力增加。在毒物的慢性作用下，呼吸道的抵抗力会逐渐减弱，从而引起慢性呼吸道疾病，严重的还可以引起肺水肿和肺心性疾病，以至诱发可怕的肺癌。大气中无刺激性有害气体的危害比刺激性气体还要大，如一氧化碳。在某些工厂附近的大气中，还含有潜在危害的化学物质，如镉、铍、锑、铅、镍、铬、锰、汞、砷、氟化物、石棉及有机氯杀虫剂等。它们虽然浓度很低，但可以在人体内逐渐蓄积。

二氧化氮在太阳紫外线照射下发生分解，产生一氧化氮和原子氧，原

子氧迅速与空气中的氧反应生成臭氧，臭氧再与碳氢化合物作用，从而产生过氧乙酰硝酸酯、醛类和其他多种复杂的化合物，这些化合物统称光化学氧化剂(即二次污染物)。由这些光化学氧化剂形成的烟雾就叫光化学烟雾。这种烟雾若被人长期吸入，就会影响人体细胞的新陈代谢，加速人的衰老。

大气污染不可小视

二氧化硫与飘尘结合起来，危害会大大增加。在1952年12月的伦敦烟雾事件期间，二氧化硫的最高体积分数才13×10^{-6}，飘尘的密度是4.64毫克/米，但因为它持续时间长达数日，引起和加重了气管、支气管、肺部等呼吸道疾病的暴发，同时也使心脏病的死亡率增高，创造了一周内死亡人数的最高纪录。经研究，这种杀人的烟雾，就是工厂生产和市民取暖、做饭排出的煤烟，在一定的气候条件下积蓄和聚集的，其中烟尘和二氧化硫是这种杀人烟雾的主要成分。

二氧化硫对农业的危害很大。美国加利福尼亚州因二氧化硫及其他大气污染物的危害，每年的农业损失达600万美元。二氧化硫对工程器物的危害也非常明显。在伦敦，特拉法加广场上英王查理一世的塑像因烟雾腐蚀已面目全非。在巴黎，保持了20年的金属屋面，在前几年因烟雾侵蚀而变坏。在我国的沈阳，也有过类似的事件，只是未造成较大的损失。另外，以煤烟和二氧化硫为主的大气污染事件，在其他一些国家也发生过。此外，二氧化硫还是酸雨的一种重要来源，酸雨已成为一种全球性的危害。

自从20世纪30年代以来，石油化学工业迅速发展，世界上每年都有数十万吨有机溶剂、数百万吨乃至上千万吨的塑料单体、合成橡胶原料以及其他挥发性有机化合物投入应用，其中有相当一部分发散到空气中，成为重要的空气污染物。在众多的挥发性有机物中，以苯为母体衍生出成的千上万种化合物，是杀人不见血的刽子手。长期吸入低浓度的苯，会损害骨髓制造细胞的能力，引发难以治愈的再生障碍性贫血，甚至诱发致命的白血病。在意大利和土耳其，都曾发现鞋匠因使用苯作粘胶的溶剂而中毒，继而患白血病或再生障碍性贫血。美国劳工部调查发现，从事与苯接触工作的人，因白血病死亡的概率比一般居民高5倍之多。从1971年起，世界卫生组织已将苯列入致癌物质的行列。

有机溶剂的特性是能溶解脂肪，因而有机溶剂一旦进入人体后，特别容易与富含脂肪的脑神经组织起作用。这类物质的中毒多表现为头痛、眩晕、倦怠等症状。空气中的三氯甲烷体积分数一旦达到0.2%，人在其中5分钟就可以使中枢神经机能明显抑制。空气中三氯甲烷的体积分数达到0.5%时，10分钟就能使人丧命。人们熟知的汽油是含苯的，少则小于1%，多则大于

化学烟雾

10%。大气中的苯，大部分来自汽油的燃烧与排放。而汽车排放的甲烷要比苯多几倍。

自然界中的碳循环是当前人们讨论最多的一个问题。它通常是指大气中二氧化碳被陆地和海洋中的植物吸收，然后通过生物或地质过程以及人类活动，又以二氧化碳的形式返回大气中。世界上每年有几十亿吨污染性二氧化碳被排入大气层，严重地影响了正常的碳循环。除了二氧化碳污染，还有9亿以上的人生活在对健康有害的二氧化硫密度超标的环境中，约10亿人生活在超标的悬浮颗粒物环境中。

造成大气污染的主要原因是人类无节制地向大气排放废气和固体废弃物。1990年，全球人类活动向大气排放硫氧化合物9900万吨、氮氧化物6800万吨、悬浮颗粒物5700万吨、一氧化碳1.7亿吨。我国1993年向大气排放的烟尘1416万吨，二氧化硫排放量呈急剧增长之势。20世纪90年代初，我国二氧化硫排放量为1800多万吨，到1995年，已上升至2370万吨。目前，我国已成为世界二氧化硫排放的头号大国。据有关资料，占全国面积40%左右的地区受到由于二氧化硫大量排放引起的酸雨污染。酸雨和二氧化硫不仅造成严重的环境污染，而且给国民经济造成巨大损失，成为制约我国经济可持续发展的重要因素。全世界每年排出的工业废渣约20亿吨，每年新增固体废弃物100亿吨，其中美国20亿吨，德国人均800千克。

严重的大气污染对人类的生产和生活造成了严重的影响。如1948年，美国洛杉矶发生光化学烟雾事件，导致几万人急性中毒；1952年，英国伦敦发生硫酸烟雾事件，短短5天时间就造成4000人死亡；1970年，日本出现硫酸和光化学混合烟雾事件；1984年12月3日，印度博帕发生异氰酸甲酯事件，有3400人丧生，3000人濒临死亡，12.5万人不同程度地遭到毒害，有10万人终生致残。

最近中美科学家对大气中的黑炭研究后发现，它很可能是导致青藏高原异常增温的重要原因，随着雪花从天而降的黑炭加速了青藏高原冰川的融化。漂浮在空中的黑炭是地球上含碳物质不完全燃烧的产物。它既加热大气，又为地面遮光，对全球气候产生极大影响。它除了直接左右地球温度，它还参与云的形成及“生长”，间接“掌控”大气中的水循环，增大区域尺度极端气候事件发生的概率。

二、臭氧层空洞：被破坏的地球保护伞

离地球表面10～50千米的这一层大气称为臭氧层。过去，人们不大注意它，但是它的作用很大，起着保护万物生灵的作用，被称为“保护伞”。它俨如一道无形的屏障，阻挡过量的太阳紫外线和其他天体的宇宙射线侵入地面，能把太阳辐射到地球表面的紫外线的99%吸收掉，从而保护了地球上的万物生灵免遭伤害。经过臭氧层过滤后的太阳光线柔和，使地面温暖。穿透臭氧层辐射到地球上的少量紫外线不但对人体无害，而且能杀菌防病，促进人体内维生素D的形成，有利于体格增长和防止佝偻病。然而现在，对地球起着保护作用的臭氧层正在遭到破坏。如果臭氧层

臭氧层空洞

减少10%，海洋里10米深的鱼苗在15天内就会死亡。有关专家告诫：臭氧层到只剩20%时，将是地球上生命存在的临界点。

臭氧层减少是人类关注的环境问题之一。1985年5月英国科学家首次在南极洲上空发现臭氧层空洞之后，又发现北极地区乃至北半球人口最密集的中纬度地区的臭氧层也不断变薄并出现了季节性的空洞。研究表明：南极上空15～20千米的低平流层中臭氧柱总量平均已减少30%～40%，在某些高度，臭氧的损失可能达95%，北极平流层中也发生臭氧耗损。据《科技日报》2000年6月29日报道，那年1–3月间，北极上空18千米处的同温度层里，臭氧含量累计减少了60%以上。2000年，地球中部上空的臭氧层减少5%～10%。美国宇航局测试的数据表明，自1969年以来，横跨美国、加拿大、日本、中国、苏联、西欧等广阔地带的臭氧层稀薄了40%。在南美，由于紫外线辐射增加，大片牧场草地枯萎，大豆减产；在澳大利亚，大批的羊群患上了无法治愈的眼病……

1985年，英国南极观测队的法曼宣布："自1975年以来，南极的臭氧持续减少。"并推测这是由于氯氟烃(氟利昂)等化学复合剂造成的。法曼的论文被认为是"世界上第一份对臭氧层遭到破坏提出警告的文件"。

出现臭氧层空洞的主要原因是生产冷冻剂、除臭剂的化合物排放的氟利昂。除此而外，大型超音速飞机排出的废气，高空原子弹爆炸的排放物都对臭氧层有破坏作用。

在现代生活中，人们大量生产和使用的电冰箱、空调机、洗涤剂、喷雾剂、塑料泡沫以及农用氮肥，这一切都离不开氟利昂。自从1930年美国杜邦公司研制的氟利昂问世后，产量已达100万吨，每年以30%的速度增长。到21世纪的前10年，大气中的氟利昂达到最高值。

臭氧层的破坏，空气中二氧化碳的增多，导致了全球的温室效应，使气候变暖，引起了海平面的升高和沙漠化的扩大等环境灾难。

随着人类文明的发展，人们越来越意识到保护大气层的重要性。但经验证明，当这种污染问题被人类注意到时已是相当严重了，因此人类一定要未雨绸缪，尽早做好自然生态平衡的保护。

1987年联合国环境规划署组织制定了《关于消耗臭氧层物质蒙特利尔议定书》，对8种破坏臭氧层物质(简称受控物质)提出了削减使用时间和要求。这个议定书得到了163个国家的支持。以后又经过3次修改，扩大了受控物质的范围，并提前了停止使用8种破坏臭氧层物质的时间。对发达国家，要求1996年1月停止使用氟利昂等；对发展中国家，要求到2010年停止使用氟利昂等。我国已于1991年正式签署《蒙特利尔议定书》。我国目前已制定并实施了20多项有关保护臭氧层的政策，主要包括：对哈伦和氟氯化学品实行生产配额制度；禁止新建生产和使用消耗臭氧层物质的生产设施；禁止在非必要场所新配置哈伦灭火器等。我国在保护臭氧层的工作中做出了积极的努力，并已取得了重要进展。

三、垃圾：让地球不再安全

最近几十年来，人类不仅把地球弄得肮脏不堪，而且使宇宙中也有大量太空垃圾围绕地球飞驰。太空垃圾就是那些宇宙航行中被抛弃的宇航器残体，包括卫星由于爆炸或故障而抛撒于太空的碎片以及寿命已尽的卫星残骸等。1969年到1991年间，美国先后11次由于推进剂泄漏等原因引发空

间爆炸，有的是军事卫星失效后防止泄密由地面中心指令爆炸以及因反卫星对撞试验造成的爆炸。

这些飘浮于宇宙空间的垃圾跟人造卫星一样，也按照一定速度绕地球旋转着。太空垃圾的最大危害是威胁卫星航天安全，因为太空垃圾的飞行速度平均约为10千米/秒，动能很大，人造卫星遭到1厘米大小物体的撞击就是灾难性的。其撞击能量与一块重180千克、时速600千米的飞行物撞击产生的能量相当，足以使航天器遭到致命性破坏，而一块0.5毫米大小的碎片就可以撞死舱外的宇航员。例如，曾有一颗法国卫星与一太空垃圾相碰，所幸被击中的只是卫星的平衡杆。在碰撞中产生的高温下，这根金属制的杆子被完全气化。卫星与空间垃圾相碰撞并非太空中的第一次。1975年7月美国被动测地卫星就因被碎片击中而损坏；苏联核动侦察卫星“宇宙954号”受太空垃圾碰撞而坠落到加拿大北部的土地上，幸亏没有人员伤亡。1991年9月，美国“发现号”航天飞机距苏联火箭残骸特别近时，为了避免灾难性相撞，不得不改变其运行轨道。飘荡在地球上空的核动力装置则具有特别的危险性，现在太空中已经有60个。据估计，到21世纪，将会有上百个这种核装置，将载有1吨以上放射性物质。

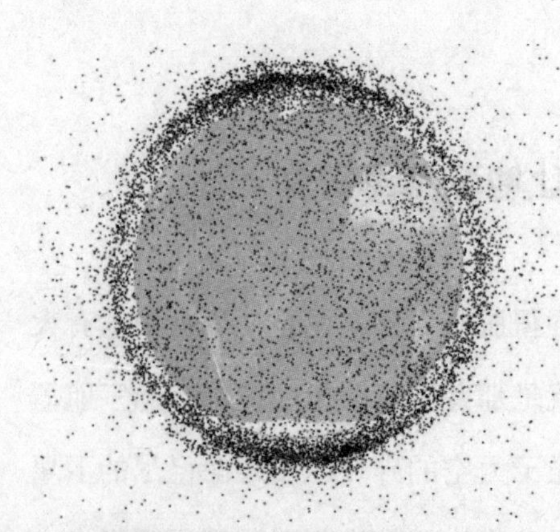
大量的太空垃圾在环绕地球飞行

宇宙中的核装置首先与用来同宇宙垃圾做斗争的所谓“宇宙扫雷舰”计划有关。苏联学者给自己设定的任务是，用专门卫星所携带的激光大炮消灭宇宙垃圾中最具危险性的较大的放射性残块。然而，这种想法遭到强有力的反对。反对者认为，在环地球空间使用强力激光会导致这个空间发生化学变化和引起空间变暖。科学家们说，在太空里，宇宙飞船和其他宇宙装置失灵爆炸也形成大量的太空垃圾。在近地球的宇宙空间，由这类爆炸生成的大小在10厘米以上的宇宙垃圾已达数万块，这些碎片在无拘无束的自由运动中相互吸引，逐渐靠拢，最终在轨道上形成速度为8千米/秒的高速“列车”，一旦它与目前运行中的2000多颗功能各异的人造卫星，特别是那些备有核电装置的人造卫星相撞，将会造成危害极大的全球核污染。若不及时进行清理，太空将逐渐成为规模庞大的宇宙垃圾场。

据分析，直径1毫米以上的太空垃圾都有可能给人类宇宙活动带来危险，即便是微粒太空垃圾，数量多了也足以使卫星减少寿命。另外，太空垃圾可以造成光线散射，将会使人类对宇宙空间星体的观测受到影响。例如，现在“和平号”轨道站上的舷窗被小碎块撞坏，因此妨碍拍摄高质量的地球表面照片；并且现在在回收的卫星上已经可以看到，由于这种“垃圾”的碰撞，卫星表面嵌入了直径为几毫米的许多残片。科学家们目前对与直径1厘米以上的碎块碰撞的可能性感到惊慌，因为对于“和平号”轨道站来说有1%的可能性，对于未来的“阿尔法”轨道站来说有6.5%的可能性。同这些“宇宙垃圾”做斗争几乎是不可能的。目前最大的宇宙飞船残块正在不断下跌，进入大气层，一部分在大气层中烧毁，另一部分则

“和平号”空间站坠入太平洋

掉在地球上。

不久前，为了避免撞上一个宇航员在太空作业时遗落的仪器，国际空间站被迫升到了更高的轨道上。这之后，150吨重的“和平号”空间站坠落进太平洋这个太空废料收容场，这一事实再次提醒专家们，太空垃圾问题不容忽视。

随着航天事业的发展，太空垃圾的数量也在与日俱增。据美国航天局1991年估计，在2000千米近地空间，约有3000吨太空垃圾，其中有用雷达或光学监视系统可测和跟踪的废弃卫星、末级火箭、被抛弃的卫星整流罩、爆炸的碎片、卫星脱落的金属粒子和碎片等，大于10厘米的达7000～15000个，小如棒球至针头大小的碎片达35000～15万个，比针头更小的碎片达300万～4000万个。这种碎片年增率从1985年的5.6%增到1986年以后的8.6%。到2010年，太空垃圾至少可达到1.2万吨。仅大的碎块即直径10厘米以上的碎块就会有7500吨。其中的一些碎块用望远镜就能看到。这些高高在上的太空垃圾，虽然表面上很遥远，但却给人类造成了现实威胁。21世纪中叶，太空垃圾总量将达到临界质量。如不对太空垃圾进行清理，再过二三十年，航天飞行将难以进行。

全世界每年要向宇宙发射火箭一百枚以上。形象地说，这些火箭每年要在地球周围的空间中射穿一百多个洞。遗憾的是，至今谁也不知道，这些宇宙“窗户”对地球的破坏性到底有多大。但是，有一点是清楚的，在发射导弹时，核爆炸可以在地球大气层中形成巨大的氢气蘑菇云，这种蘑菇云绝不是无害的，它能够破坏大气层的冷暖、化学成分，最终改变蘑菇云下面地球表面的气候。由于过去我们没有重视环保，现在我们已经得到了大自然的报复：肮脏的污水、不断扩大的沙漠、被污染的空气等。

相比之下，宇宙的报复可能比这还要大得多。如今，人类的环保意识到了向太空延伸的时候了。

如何减少和清除太空垃圾，引起了许多国家特别是发达国家的重视。过去两个空间大国美国和苏联的“星球大战”试验、人为造成卫星碰撞的反卫星试验是增加太空垃圾的重要原因之一。美国宇航局的科学家最近发明了一种巨大风车式太空垃圾清除器。太空风车在空中缓慢旋转寻找目标，电脑指挥它避开正在工作的卫星。发生碰撞时，垃圾碎片不是被嵌入风叶就是击穿风叶，使碎块失去能量逐渐脱离轨道坠大气中烧毁，从而在太空中开辟出一条安全的通道。

四、酸雨：空中的可怕死神

煤和石油燃烧以及金属冶炼等释放到大气中的二氧化硫和氮氧化物，通过气相或液相氧化反应可以生成硫酸和硝酸，形成酸性的雨雪或其他形式的大气降水，称为酸雨——“空中的死神”。

国际上通常把pH低于5.6的降水作为酸雨的标志。现在所称的酸雨泛指酸性物质以湿沉降或干沉降的形式从大气转移到地面上。湿沉降是指酸性物质以雨、雪形式降落到地面；干沉降是指酸性颗粒物以重力沉降、微粒碰撞和气体吸附等形式由大气转移到地面。酸雨发生并产生危害有两个条件：一是发生区域有高度的经济活动水平，广泛使用矿物燃料，向大气

排放大量硫氧化物和氮氧化物等酸性污染物，并在局部地区扩散，随气流向更远的距离传输。二是发生区域的土壤、森林和水中生态系统缺少中和酸性污染物的物质，或对酸性污染物的影响比较敏感。例如，酸性土壤地区和针叶林就对酸雨污染比较敏感，易于受到损害。

随着化石燃料消费量的不断增长，全世界人为排放的二氧化硫在不断增加，其排放源主要分布在北半球，占全部人为排放的90%。天然和人为的排放，排放了几乎同样多的氮氧化物。天然来源主要包括闪电、林火、火山活动和土壤中的微生物过程，它广泛分布在全球，对某一地区的氮氧化物浓度没有影响。人为排放的氮氧化物主要集中在北半球人口密集的地区，差不多75%来源于机动车排放和电站燃烧化石燃料。欧美一些国家是世界上排放二氧化硫和氮氧化物最多的国家，但近十多年来亚太地区经济的迅速增长和能源消费量的迅速增加，使这一地区的很多国家，特别是中国成为一个主要排放大国。酸雨的长距离输送使酸雨污染已发展成为区域和跨国的严重环境污染问题。酸雨问题首先出现在欧洲和北美洲，现在也出现在亚太的部分地区和拉丁美洲的部分地区。欧洲和北美已采取了防止酸雨跨界污染的国际行动。在东亚地区，酸雨的跨界污染已成为一个敏感的外交问题。

酸雨腐蚀建筑材料、金属结构、油漆等。特别是许多以大理石和石灰石为材料的历史建筑物和艺术品，耐酸性差，容易受酸雨腐蚀和变色。酸雨伤害人的呼吸道系统和皮肤。而作为水源的湖泊和地下水酸化后，由于金属的溶出，可能对饮用者的健康造成更大的危害。

欧洲30%的林区因酸雨影响而退化。在北欧，水体和土壤酸化都特别严重，特别是一些湖泊受害最为严重，湖泊酸化导致鱼类灭绝。在荷兰，全国54%的森林面积遭酸雨侵害；在瑞典，全国有8.5万个湖泊受害，其中1.8万个湖泊中几乎所有的鱼都已死光；在挪威，酸雨降落面积高达330万公顷(1公顷=15亩)，在受害最严重的托布达尔河流域，266个湖中有175个已酸化。另据报道，从1980年前后，欧洲以德国为中心，森林受害面积迅速扩大，树木出现早枯和生长衰退现象。

被酸雨腐蚀后的树木

20世纪80年代以来，东欧也出现了严重的受害现象。在大洋彼岸的北美，早从60年代开始，酸雨的危害区域和范围就在悄悄地扩大。

加拿大和美国的许多湖泊和河流也遭受着酸化的危害。

加拿大政府估计，加拿大43%的土地(主要在东部)对酸雨高度敏感，有1.4万个湖泊呈酸性。70年代初，加拿大安大略省在雨后或雪化时接连发生鲈鱼大量上浮事件。现在，这个省已有4000个湖泊发生酸化，几乎再也见不到鱼的踪影。到20世纪末，约有4.8万个湖泊濒临死亡。对加拿大造成的酸雨，多数是来自美国五大湖周围工业地区的污染物。加拿大方面指出，尤其是从火力发电厂和冶炼厂排出的二氧化碳和氮氧化物，它们是形成酸雨的主犯。酸雨危害因此成为跨国污染的最显著明证。

美国国家地表水调查数据显示，酸雨造成75%的湖泊和大约一半的河流酸化。1984年，美国政府在一份名为《酸雨与大气污染的转移》的正式报告中指出："如果再不采取某些防止大气污染的措施，污染地区湖泊和

河流都将彻底死亡。”事实是触目惊心的，但更为惊人的是酸雨对人体健康的危害。据美国政府1980年的统计，该年度由于酸雨和硫氧化物污染造成的死亡人数，占全国死亡总人数的2%，即全美国有5.1万人死于大气污染。通常我们认为酸雨是工业发达国家的产物，但是在印度、马来西亚、墨西哥等国，酸雨的危害也相继有报道。

酸雨导致河流受污染，鱼群大量死亡

多年来，人们一直认为南极是一个无污染、无病毒、无细菌的“三无”世外桃源。而据中国南极长城站消息：1998年上半年，中国第十四次南极考察的气象科技人员在西南极乔治王岛上的中国南极长城站测得pH为5.46的酸性降水，这也是1998年上半年测得的第8次pH小于5.6的酸性湿沉降。在这8次酸雨中，pH值最小一次为4.45。这说明南极地区已不是人们所想象的“净土”。这8场酸雨，当时的风向都是西北方向，表明风是从南美洲和亚太地区吹向南极半岛的，当南极半岛刮偏东和偏南风时，降水的pH值都接近于中性。这说明南极半岛的酸雨是由于大气环流把远离南极的污染源传输到南极上空恰遇降水而形成的。

酸雨降落到地面后得不到中和，可使土壤、湖泊、河流酸化。湖水或河水的pH值小于5时，土壤和底泥中的金属可以被溶解到水中，毒害鱼类。鱼的繁殖和发育会受到严重的影响。水体酸化还可能改变水生生态系统。酸雨还抑制土壤中有机物的分解和氮的固定，淋洗土壤中钙、镁、钾等营养物质，使土壤贫瘠化。酸雨损害植物的新生叶芽，从而影响其生长发育，导致森林生态系统的退化。酸雨对材料或建筑物有腐蚀作用，并加速风化过程。对于饮用水源的酸化及酸化土壤中生长的作物，有害有毒金属(镉、汞)含量较高，这无疑是一种潜在的威胁。

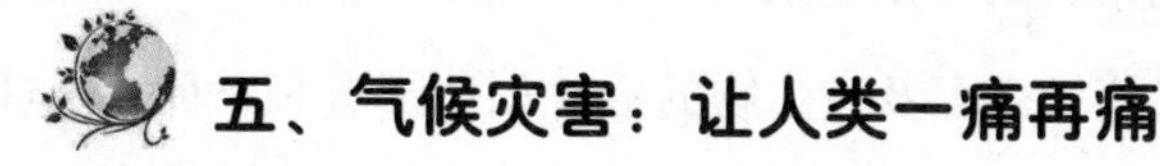

五、气候灾害：让人类一痛再痛

近年来的大量理论研究和观察资料分析表明，由于人类活动而使环境遭到破坏，从而改变了全球气候。以二氧化碳浓度为例，如果人类不控制，21世纪中期排放就可能达到工业化前的两倍。温室气体浓度的增加，有可能引起全球变暖，随之而来的还会导致海平面升高，对农、林、渔业和人类社会其他方面产生明显的影响。为适应气候变化，人类社会各方面都需作出相应的调整，付出巨大的代价。为了控制大气中温室气体浓度的增加，需要各国在提高能源利用技术和能源利用效率，采用新能源和减少温室气体排放方面做出共同的努力，发达国家应该承担而且完全可以承担更多的义务和做出更大的贡献。控制温室气体的排放也要求社会各方面的共同努力，形成重视环境、保护环境的共识。

热带太平洋海表热力异常是引起大气环流异常的重要原因，也是东亚季风和旱涝发生的重要原因。厄尔尼诺现象是指赤道中、东太平洋海表温度异常增温。19世纪末，航海学家发现在圣诞节前后秘鲁沿岸有一支从

北向南的暖洋流，并将其命名为厄尔尼诺流。厄尔尼诺一词就是西班牙语"圣婴"、"耶稣之子"的意思。由于该洋流的发现在圣诞节前后，所以被称为厄尔尼诺流。厄尔尼诺流在调节当地的气候和生态平衡方面起着重要的作用。有的年份，厄尔尼诺流的温度比平常年份高出很多，可以破坏生态平衡，使鱼类、鸟类大量死亡，暴雨、洪涝频繁，这被称为厄尔尼诺现象。厄尔尼诺现象不仅对社会生产造成危害，而且对人类健康带来严重影响。简述如下：

一是使病菌、病毒滋生繁衍有了"温床"。由厄尔尼诺现象引起的暖冬气候，为病菌、病毒及微生物的滋生创造了有利条件，从客观上起到了助纣为虐的作用。临床发现由厄尔尼诺现象引起的疾病有：一些秋夏季节流行的疾病，如腹泻、伤寒、红眼病等；一些春季易发的疾病，如流行性脑脊髓膜炎、急性喉炎、病毒性心肌炎等，冬季也时有肆虐。

由厄尔尼诺现象引发的干旱

二是诱发疾病的增多。暖冬气候的出现，对人体的适应力产生影响，降低了人们对寒冬气候的抵御能力，一旦遇上强寒流侵袭，气温骤降，对那些患有冠心病、脑血管病、高血压等疾病的患者极为不利。

三是污染环境，危害健康。气象统计资料显示，厄尔尼诺现象导致的暖冬年份雾日明显增多。我国北京、上海等大城市20世纪90年代平均雾日数比20世纪70年代增加了30%。专家检测，悬浮在空气中的雾跟二氧化硫、三氧化硫、氮氧化物、碳氧化合物结合后，会形成一种烟雾。该烟雾除对生态环境、蔬菜作物造成污染外，给人体健康也带来危害。

在大气异常环流中，还有一种拉尼娜现象，也常给人类带来很大灾害。拉尼娜一词就是西班牙语“圣女”的意思。

拉尼娜现象表现的情况正同厄尔尼诺现象相反。通常，在厄尔尼诺流行的年份全球平均降水量少，在拉尼娜年份则全球降水量显著增加。

1998年9月24日，中美洲的大西洋沿岸同时有8处出现气旋，其中4处已经可以称为飓风。同时出现如此多的气旋，在20世纪还是第一次。由拉尼娜现象引起的代号“米奇”的飓风于1998年10月28日在大西洋形成，是5级飓风(最高级)，时速为250千米。造成了二千五百多人死亡，约一百万人受灾。1997年7月初，气候学家就提醒人们注意百年一遇的特大洪水的危险。持续不断地降雨导致西欧奥德河、尼斯河和易北河的水位大幅度上升。短短几天之后混浊的泥浆洪水淹没了这个地区。河流变成了波涛汹涌、湍急的洪流。波兰南部和捷克地区成千上万公顷的良田被洪水冲毁。洪峰到来时的水位比正常水位高出6～7米。第一次洪峰过后，正值盛夏时节，天气炎热，增强了瘟疫流行的危险。此后不久，又再次降雨，天气温度为15℃左右，第二次洪峰形成。洪水席卷了勃兰

由拉尼娜现象引发的洪水

登堡，并威胁着奥德河地区的堤坝。奥德河沿线167千米长的河岸用数以百万计的沙袋加固。7月23日，法兰克福周围地区和奥德河同尼斯河汇合处的大堤终于决口，势不可挡的洪水汹涌澎湃地直泻入齐尔腾道夫低地。勃兰登堡、波兰和捷克的大部分田间作物都被洪水淹没。

1988年9月8日，孟加拉国在连降暴雨之后，遭到40年以来最严重的洪水浩劫。全国四分之二的地区被洪水淹没，价值14.4亿马克的农作物被洪水毁灭了。就在同年的12月，一次横扫孟加拉国的飓风就造成2100人死亡。1989年4月间，这个国家大部分地区再次遭到洪水浩劫。1991年4月29日，在孟加拉湾再次登陆的热带飓风，达到了235千米/小时的最高速度。飓风从海上来，它推起了高达6米的海啸将孟加拉国南部置于水中。据统计，这次灾害中死亡的人数高达14万，还有人估计死亡人数高达50万。对于绝大多数幸存者来说，他们最起码的简陋的生存基础被毁灭了。在受灾地区，85%的房舍遭到破坏，90%的农作物被毁灭。

美国世界观察研究所发表的调查报告说，1998年前11个月发生的暴风雨、水灾、旱灾和火灾等自然灾害使3.2万人丧生、3亿人流离失所，经济损失高达890亿美元，超过了1996年600亿美元的记录。报告指出，席卷中美洲的米奇飓风、中国的长江水灾和孟加拉国的水灾都属于20世纪最严重的自然灾害。报告认为，1998年的自然灾害虽然与厄尔尼诺现象有

在太空中拍摄的飓风，是气候反常的表现

关，但是人们大肆砍伐森林，破坏生态环境也是导致严重自然灾害的一个重要因素。由于人类未能有效减少二氧化碳的排放量，全球气候将加速变化，这有可能使世界上许多地区发生更严重的自然灾害。

据1998年12月28日英国《每日电讯报》报道：在周末的两天里，时速达170千米以上的飓风横扫英伦三岛和爱尔兰，将一些屋顶掀翻，将树拔起，并把电线杆刮倒。

新华社布宜诺斯艾利斯1998年12月27日报道：连日来，热浪袭击地处南半球的阿根廷，使得该国北部和中部的气温居高不下，部分地区一度达到43℃，创下这个南美国家20世纪初以来的最高纪录。2000年7月5日土耳其气温高达43℃。因高温烘烤引发的森林大火也屡有发生。南联盟中部城市克拉古耶瓦茨4日的气温达到41.5℃。罗马尼亚、保加利亚、希腊和马其顿均受到热浪袭击。菲律宾北部地区和马尼拉，台风和暴风雨导致12人丧命，超过12万人逃离家园。在印度，北方邦有44人被雷电击中而丧生。

埃菲社布宜诺斯艾利斯1998年11月3日报道：太平洋岛国在此间举行的联合国第四次世界气候变化会议上要求世界立即采取行动保护环境，以避免其领土遭到损害。太平洋14个岛国的代表说，这些国家的海岸正在受到侵蚀，土地的盐分增加，使作物受到了威胁，海平面的升高有可能使这些岛国消失。基里巴斯群岛代表说，该国一个被渔民作为航标的小岛已消失，其他岛屿也有可能遭到同样的命运。为此，14国代表指出，这要求国际社会特别是工业化国家“立即采取行动”，以扭转世界气候的变化，因为这“已是关系到人类生死存亡的问题”。有160多个国家政府代表和170个生态组织代表参加的这次会议，其目标是促进《京都议定书》的实施。

美国非政府组织国际人口行动组织表示，控制人的出生率是制止环境发生灾难必不可少的措施。该组织透露，通过对175个国家在45年中进行的调查表明，大气层中二氧化碳中的65%是集中在发达国家的占世界人口五分之一的人释放的。2000年2月19日《服务导报》报道，由于温室效应导致南北极冰雪融化，使海平面不断上升，大洋洲岛国图瓦卢告急，全境大多数地区将被汪洋吞噬。2009年《广州日报》记者采访马尔代夫总统纳西德时，总统说："为了继续在这个国家生活，我们正在做一切可以做的（事情）。"10月17日马尔代夫首次在水下召开内阁会议，目的是提醒人们全球气候变暖对岛国造成的影响。2009年9月纳西德宣布不会参加将于12月在丹麦举行的哥本哈根气候变化峰会，除非有其他国家或机构资助他。理由是马尔代夫致力于实施全面的"碳平衡"计划，而"没有钱参加这样的会议"，"与其坐下来互相指责，还不如立即行动"。

六、海洋污染：人类失去的不仅是食物

地球的总面积为5.1亿平方千米，其中陆地有1.49亿平方千米，海洋有3.61亿平方千米。海洋的面积占据了地球总面积的十分之七，因此，五大洲点缀在这庞大的水体中间，就显得很小了。海洋的平均深度为3795米，总体积为13.7亿立方米，地球上97%的水都集中在海洋里。

海洋，人类生存空间的永恒伴侣，它产生了各种各样的气候现象，为地球上的人类创造了一个较为适宜的居住环境。海洋是生命的摇篮。有一位海洋学家说："人类起源于海洋，总有一天还要回到海洋。"这里所说的"回到海洋"，不是说让人类变为鱼虾，而是说海洋作为人类生存必不可少的一种环境因素，人类对它的依赖性将越来越大。在一望无际的海面下，蕴藏着极为丰富的、与人类的生存和发展密切相关的海洋资源，它们是全人类的宝贵财富。

海洋动物的种类繁多，踪迹遍布海洋的每个角落。其中与人类生活关系最为密切的是海洋鱼类，它们是人类餐桌上的美味佳肴。还有属于软体动物的各种贝类、螺类，属于甲壳动物的蟹类、虾类，属于棘皮动物的海参、海胆，属于腔肠动物的水母等，也都可以供人们食用。有人估计，海洋每年约生产1350亿吨有机碳，可提供30亿吨水产品，满足300亿人的需求。海洋提供食物的能力，是全世界所有耕地农产品的1000倍。海洋每年能提供蛋白质4亿吨，相当于全球人类总需要量的7倍。目前，人类食用蛋白的6%来自海洋，海洋蛋白占动物蛋白的17%。除了可供食用的海洋动物外，还有一些动物具有很高的科研价值。

物种丰富的海洋是我们人类的起源

海洋孕育了生命，它是人类发展和进步的摇篮，更是人类未来赖以生存的新的生产能源和生活资源。然而现在，同广阔的陆地一样，神奇而迷人的海洋正在遭受污染的侵袭。

在美国大西洋海岸，散发着阵阵令人作呕的气味，有些国家的海岸不得不对游泳者关闭。由于海水污染而造成水生动物死亡的现象不断发生。如1987年7月，墨西哥湾共有750只海豚暴死。冲到海岸上的海豚，皮肤大片大片地脱落，口部、阔鳍和尾巴布满水疱和红斑。以往被公认为是健康食物的鱼类，现在由于海水污染

而中毒，已给人类带来各种疾病，包括胃肠炎、肝炎和霍乱等。巴西的瓜纳巴拉湾，生活污水和工业废水大量排入海域，海湾水质变坏，生活在这里的鱼类和鸟类正在急剧减少。1988年春天，由于化学物质污染，北海港湾海藻大量繁殖，使数百万鲑鱼窒息死亡，斯堪的纳维亚的渔业生产遭受严重打击。

在我国三亚海滩出现的大量海藻

北海、波罗的海海草成患。在卡特加特、斯卡格拉克、大贝尔特海峡生长着一种连绵数千米的海草"云"。这是一种生长极快，在潮流和风的作用下移动的海草，它们分泌出的毒汁可以毁灭许多海洋生物。导致这一灾难的原因是：北海、波罗的海沿岸许多国家将大量工农业废物倾入海中。目前，海草生长得十分茂盛，并聚集起来，涌向波罗的海。

欧洲昔日鱼虾丰富的卡特加特海峡近年来由于海水中缺氧，鱼虾已近绝迹。卡特加特海峡位于瑞典西海岸与丹麦之间。1987年10–12月，瑞典一海洋生物站的科研人员在这一海域多次试捕，结果竟没有捞到一只虾，鱼也极少。而在过去的正常年景，使用拖网每次可捕获鱼虾200～250千克。海洋生物学家雷夫•皮尔说，发生这一情况是因为海水中缺氧造成的，而缺氧又是因为海水中营养过度造成的。他指出："氧气会由于向海水中倾倒的有机物增多而减少。海水富营养化造成海藻大量繁殖，是缺氧的根源。"皮尔估计，卡特加特海峡中的虾已全部死亡。"海虾在缺氧状况下难以生存，它们不能像鱼那样游往其他海域逃生。"

废弃塑料污染海洋。在第六次海洋清洁问题讨论会上，专家们强调指出，塑料废物和石油和重金属一样，是导致海洋生物死亡的重要原因。在太平洋中部群岛上发现的50只死亡的信天翁中，有45只是因吞下塑料碎物而致死的。现在，全世界商船每年抛向大海约64万个塑料废箱和包装材料。

欧洲议会环境委员会主席施莱歇尔要求为治理地中海的严重污染而采取紧急拯救措施。她要求尽快建立净化厂，严格限制有害物质及废弃物的排放、倾倒，并对地中海的有害物质浓度进行连续监测。这次欧洲议会的代表认为，地中海的污染现状已到了令人吃惊的程度。每年排入地中海的有害污染物的数量是惊人的：酚1200万吨，洗涤剂6000万吨，磷32万吨，硝酸盐80万吨和汞100吨。这些污染物都是从地中海沿岸14万座工厂排放出的化学物质。另外，每年清洗运输轮船仓时还要排入100万吨石油及动力燃料，还有居民排放的13500万吨废水。到了夏季，近1亿旅游者的到来，使地中海的污染负荷再度升高。

莱茵河流经德国的河段，又遭两次污染，河面出现油膜，两岸油泥沉积。为清除污染，德国方面就得采取措施。据当地报纸报道，由于荷兰一家运输公司1989年3月28日有一部分重油因泄漏流入莱茵河，使波恩附近巴特•霍纳夫至科隆的莱茵河河段两岸遭受污染，长约30千米。据目击者说，两岸的一些水鸟因被油泥粘住不能起飞而“彻夜鸣叫不歇”。

造成海洋污染的原因是多方面的：沿海地区人口稠密，工业不断发展，生活污水和含有害物质的工业废水大量流入海洋。日本一年排到海里的污水就超过130亿吨；美国排到海里的污水超过200亿吨，还有超过7000万吨的工业废渣；俄罗斯每天有300万吨工业废水和生活污水排入波

罗的海。

油船、海上和近海油田造成石油污染；一些放射性的物质被投到大海深处；水土流失造成含有化肥、农药的表层土壤通过河流进入大海。据联合国统计资料表明，随着世界人口的急剧增长和人类物质生活的改善，各种工业垃圾和生活垃圾的数量正在成倍增长，一些浅海已被垃圾填成了"小岛"。《中国科技报》的文章说，仅倾入大海的船上废物一项，全世界每年就达640万吨；扔进大海的塑料集装箱为18.25亿万个；商船、渔船倾倒入海的塑料包装材料2.2万吨、塑料网绳、救生衣为13.6万吨。仅塑料污染这项，每年全世界要死去100万只海鸟，10万只鲸类生物。在各种污染的综合作用下，美丽的大海变得肮脏不堪，海洋生态环境迅速恶化，严重地威胁着海洋生物的生存。

近20年来海上石油污染事件频频发生，甚至还发生了氢弹丢失在地中海里的事件，现举几例。

布列塔尼沿海发生了一起严重的最大的海上石油污染事件。1978年3月16日，挂着利比里亚国旗行驶的美国超级油轮"艾莫科·凯迪斯"号通过英吉利海峡。因为天气极坏，撞到名为"门高伦"的岩石上。6天之后，泄露到大海中的石油将近18万吨，在海面上构成一个宽29千米、长130千米的石油地毯。海浪将石油层推向布列塔尼海岸，在海滨210千米长的地段形成了一层黏稠的石油膜。这层膜对于那里的动物和植物都有致命的作用。这次海洋污染事件的直接经济损失达1.64亿美元，其中不包括死于溢油污染的1万多只海鸟及5000多吨的牡蛎。

奥林匹克国家公园位于美国西部华盛顿州南海岸，该公园96千米长的海滩是美国最长的原生海滩区，它也是联合国命名的世界遗址，被列入与埃及金字塔、法国凡尔赛宫和坦桑尼亚塞伦盖蒂平原属同一类别的保护行列。每年该公园接待游客3500万人，在美国国家公园系统中居第4位。2000年，俄勒冈库斯湾海洋拖轮公司一艘石油驳船和一艘拖船在华盛顿州南海岸格雷斯港不远处的海面上相撞，造成35.8万升石油泄露到海面的严重污染事件。由于暴雨冲刷，石油漂浮到海岸，致使自温哥华岛、大不列颠哥伦比亚到俄勒冈州波特兰的482.7千米海岸线受到影响。位于这段海岸线中的奥林匹克国家公园海滩被铺上一层厚厚的石油“地毯”，生态环境遭受了严重破坏。

据推测，绝大部分油污染不是来自油轮的海损事故，而是通过装卸港口密封不好的油管漏到海水中去的，或者是随排放油轮上被石油污染的废水而流入大海的。

1966年1月，在一次空中加油演习失败之后，美国空军的一架B−52轰炸机在西班牙南部省份阿尔梅里亚的帕洛马雷斯海滨坠毁了。这架飞机上载有4枚氢弹，每个氢弹的爆炸威力都相当于1945年美国扔到广岛的原子弹的上千倍。飞机失事后一天，人们在一块西红柿地里找到3枚氢弹。但是第4枚氢弹却在海中丢失了。经过美国海军80多天的拼命寻找，终于把那枚氢弹从762米深的海底捞上来。这一意外事故导致了一次大规模的抗议游行，游行队伍从安达卢西亚出发向马德里前进。抗议游行的参加者们要求西班牙政府禁止美国飞机载着核武器飞越自己国家的领空。

海上石油污染

1967年3月18日，挂利比里亚国旗的“峡谷号”油船泄漏了约12.3万吨原油，污染了法国和英国之间方圆180千米的海面。

1976年3月13日，满载25万吨石油的“奥林匹克·巴伐凡利号”油船在法国附近海面突然一分为二，全部原油倾倒入海。法国用了3个月时间才清扫干净。

1979年6月3日，墨西哥湾一油井爆炸，造成当时最大的石油污染事件。4个月内，100万吨石油流入大海，该油井直至9个月后才被封死。

1983年3月，两伊战争期间，伊朗琉鲁兹油田被炸毁，在随后的几个月里原油源源不断地流入大海。由于战争关系，污染范围至今无法计算。

每年由各种原因和途径排入和泄露海洋的石油达1000多万吨，占世界石油总产量的0.5%。海洋石油污染的危害是多方面的，首先是对自然环境的破坏。此外，还影响到海洋渔业。大量石油进入海洋，造成海水缺氧，油容易堵塞鱼类呼吸器官，使海洋鱼类死亡。石油还影响鱼类的繁殖，甚至使幼鱼出现畸形。除石油污染之外，大量的工业废水、废渣直接排入海域，再加上陆地上的各种废物经江河的运移，最终在海洋里找到归宿。蓝色的宝库竟成为名副其实的“垃圾箱”，每年约有6.5亿吨垃圾排入海洋。

近年来，在一些国家的海域内经常发生海洋哺乳动物大批死亡事件。美国科学家研究指出，造成这些惨剧的是多氯联苯。哈佛大学生物学教授罗兰·培恩研究指出，对海洋污染最多的就是多氯联苯，而目前，工业发达国

赤潮现象

家每年有110多万吨的多氯联苯流入海洋。日本发生的水俣病，就是由于大量工业废水排入海洋，废水中含有大量的甲基汞，使鱼贝类受到污染，人食用后，甲基汞在体内积累，当人体内甲基汞含量达到一定浓度时，人就会患水俣病。人类把有害物质倾注入海，受害的还是人类自己。20世纪60年代以来，城市生活污水和工业废水的大量排放，造成沿海和海湾水域海水富营养化。浮游生物的急剧繁殖，造成海水中氧气的大量减少，致使鱼类窒息死亡，所以在赤潮时，海面上常有死鱼现象。此外，当某一海域的生态环境遭到破坏，一些赤潮生物得以迅速繁殖和高度聚集，一些鱼贝吃了这些赤潮生物，特别是吃了有毒性的赤潮生物，往往会大量死亡；这些鱼贝类又会接着分泌毒素，毒害其他生物，最终使大片海水发臭变色，形成赤潮灾害。它的危害主要是损害海洋渔业资源和生产，某些赤潮生物通过一些海产品的积累、传递，进而危害人体的健康。海域里一旦发生赤潮，会给海洋环境造成新的污染。

赤潮在日本沿海各地不断发生，日本内海每年会出现上百次赤潮现象，1971年日本沿海发生了133起，有的持续1700天不退。1987年的一次赤潮导致100多万条鲱鱼死于非命，损失大约1500万美元。赤潮的发生，对海洋生物是一个很大的威胁。它如同漫延的火灾一样，一旦发生，就很难“扑灭”。昔日红潮(即赤潮)曾为一时观赏的奇景，现已成为海洋渔业的最大祸害。

大海给予人类的很多，它是那样的无私、慷慨和博大，然而人类却盲目地污染它、伤害它。人们似乎觉得大海很大，污染物进入大海就会化解，就会稀释。但是，大自然的自净能力毕竟是有限的，大海也是会被污染的。多次油轮泄露石油、沉船失事，造成石油污染，大批水鸟、鱼类死

亡。全世界的大城市每年向海洋排污以百亿吨计，日积月累，再大的海洋也会容纳不了。长此下去，总有一天，海洋不再蔚蓝，大海的生命将会减少和灭绝，充满生命的海洋将会变成死海。人类必将自食其果！科学家们强烈呼吁，为了人类的生存，必须努力保护好海洋！

七、陆地污染：将来我们还能吃什么

人类活动对地球生态系统所造成的影响已超过了自然作用而占主导地位：全球30%～50%的陆地已受到人类改造；自工业革命以来地球大气二氧化碳浓度已上升了30%；人类固氮已占地球陆地系统固氮总量的60%；全球可资利用的淡水资源已有50%为人类所利用；近25%的鸟类物种已近灭绝。

环境恶劣，留给海鸟的空间越来越少

美国华盛顿塞拉俱乐部的生态学家詹姆斯·路德维格在1989年发表的一篇研究报告中指出，在过去的20多年里，闻名遐迩的北美洲五大湖由于受到工业污水和垃圾的污染，鸟类繁殖缺陷明显增加，鸟类大量减少。1986—1988年，路德维格在五大湖的上游地区对水鸟蛋进行调查发现，里海燕鸥蛋的先天性畸形较之20世纪60年代末70年代初增加了30多倍，其他鸟类的畸形蛋也都大幅度地增加。畸形鸟蛋生成的主要原因是鸟食用了受到有毒化学物品污染的食物所致。路德维格在调查中发现，五大湖遭到污染最严重的地区是密歇根州的萨吉诺湾。路德维格担心，如果再不采取措施对五大湖进行综合治理、清除和防止污染，人们就再也见不到昔日美丽富饶、鸟飞鱼跃的景象了。

联合国亚太地区经济与社会委员会2000年公布的一份报告指出，亚太经济区生态系统正以惊人的速度恶化。如果让这一趋势发展下去，未来几十年内，这一地区的经济发展趋势将会大大放慢。报告说，这一地区已有8.6亿公顷土地变为沙漠，2/3的野生生物灭绝，2/3的国家过多使用地下水，已使地面下沉，海水入侵，地下水污染。几乎没有一个国家的饮水完全符合世界卫生组织饮水卫生安全标准。海产品所受污染也在增加。同时，由于滥捕，高产的渔场已经衰退。城市蚕食的农田越来越多，从1950年至1990年间，人口在400万人以上的城市增加了3倍。人体内有毒化学品的浓度增加，有毒物质也侵入人体。报告指出，对生态系统的恶化，若不采取适当的行动，后果将不堪设想。

有识之士指出，当今我们不安全的根源是地球温度升高，以及伴随而来的水灾、臭氧层的变薄，海洋食物链以及森林、湖泊被破坏。因此，各国政府在通过谈判从核武器的死胡同里走出来的时候，应该开始努力通过谈判达成一些严肃的协议，以使我们和我们的后代免遭环境灾难之害。环境灾难是21世纪对人类安全

切尔诺贝利核电站事故

的真正威胁。“人类及其每一个成员与地球息息相关”，“地球是人与人之间的纽带”，“地球的外形、地貌，就是人类的环境”，这是众所皆知的常识，但在当今的地球上，由于现代工业产生的有害气体的排放，矿产资源的不适度开采，耕种使用大量化肥，在大江大河的中、上游修建不合理的水坝，违背了自然发展规律，进而使全人类担心和不安。

1986年4月26日发生了第一次空前严重的意外事故：苏联切尔诺贝利核电站4月25日开始的错误控制的试验系列，引起了核反应堆的爆炸。试验计划实施进程中的一系列操作上的错误，使整个试验失去了控制。于是发生了巨大的氢爆炸，爆炸破坏了整个核反应堆的外壳。燃料棒开始熔化、放射性辐射外露。人的失误、安全设施上的严重问题以及反应堆系统上的设计毛病，这三者一起造成了这次核灾难。根据苏联当局公布的材料，这次核灾难造成32人死亡。救护人员和切尔诺贝利周围的居民受到了危险的放射性辐射，健康受到了长期的危害。在这个核电站(在基辅以北大约130千米的地方)周围30千米的范围内，有10多万人直接受到威胁。受到放射性污染的面积最终达到20万平方千米。人们估计，这次不幸会使数以千计的人得癌症死亡，使以后若干代人的遗传基因受到损害。

曾轰动一时的切尔诺贝利核泄漏事故已经过去了，然而几年中，这次核污染给世界各国造成的麻烦却没有结束，其中世界性放射污染食品便是最大的后遗症。迄今为止，食品中铯含量的标准问题仍然是各国经济界专家争论的焦点。事故发生后不久，欧洲共同体曾对进出口食品中铯的含量作了严格限定，规定乳制品必须在370贝可（勒耳）(贝可勒耳是放射性活度的sI单位每秒的专名)以下，其他种类食品亦不得超过600贝可。欧共体外的一些国家也纷纷效仿，加强了对进口农产品铯含量的检验。日本政府对此类事最为敏感，曾先后查出34种铯含量不合标准的食品，作为“污染食品”，强行退回了出口国。其中有法国产的麝香，土耳其产的胡桃等。其他国家对污染食品也很忌讳。德国向埃及、安哥拉出口的污染牛奶，尽管价格低到市场价的十分之一，但都因含铯量过高而被退回。荷兰售给马来西亚、菲律宾、泰国等东南亚国家的污染奶粉，同样被全部退货。日本气象厅研究所的一项研究证实，自1988年以来，大气层中形成的铯圈中的铯，仍在下落扩散，因此放射能污染对人类的威胁将持续30年。

据路透社报道，美国得克萨斯大学的毒理学家欧文教授认为，在西方工业化国家，化学品已经取代细菌和病毒成为人类健康的主要威胁。直至20世纪50年代，西方世界的主要死亡原因是微生物引起疾病，如流感、肺炎及结核病。50年代以后，这些疾病通过加强公共卫生、免疫接种和加强营养等措施基本得到控制。化学性疾病开始成为死亡的主要原因。例如，科学家认为，所有癌症中的70%～90%是由于化学品所致。心脏病也基本上起因于化学品，因为心脏病是由脂肪食品和吸烟引起的。在西方国家，心脏病和癌症两者致死人数占全部死亡人数的一半以上。目前，科学家已开始注意研究化合物联合作用的危害，现在已经发现许多化学品的联合作用，获得了以前不了解的毒性效应。例如，已经发现柴油机油烟内含有100多种化学物质，其中许多化学物质有致癌作用。由于研究人员正在研制愈来愈多的新化合物，由有毒化学物质造成的危害将会增加。

日本环境厅发表的环境状况调查表明，日本全国已有94%的河流和湖泊受到环境激素的污染。据日本报纸报道，研究人员从日本120条河流与湖泊中共检测出了11种环境激素类物质，其中检测出最多的是壬基苯酚。日本爱知县的日光川等80多处河流湖泊中都存在有这种化学物质，其含量

之高可达7.1微克/升。科学家们认为，动物体内摄入一定量的环境激素后，会导致动物生育能力异常，胎儿畸形。

化学污染物，包括天然的和合成的，它是由于人类活动向地表系统中叠加的化学物质及其降解、衍生物。由于许多化学污染物对地球大气臭氧层的破坏作用(如氯氟烃类)以及潜在的生态和人体健康危害性，故其对全球气候变化以及地球生态系统的生物多样性的影响十分显著。人类在对石油、煤以及金属矿产等的开采、运输、储存、加工和使用过程中，使大量化学污染物进入地表系统。例如，石油和煤的开采和运输过程中所导致的地表系统污染和海洋石油污染；金属矿产的开采及其冶炼，使许多原本处于钝化状态的重金属元素(如铅、镉、汞、铊、砷等)活化，进入地表水环境中；造纸工业所产生的大量化学污染物(如酚类、PAHs、氯苯类和二恶英类等)严重污染地表水体。另一方面，石油和煤等化石燃料的燃烧则在向大气中排放CO_2和酸性气体的同时，也因不完全燃烧而排放了大量化学污染物(如PAHs和二恶英类、苯系物等)。

人类每年商业化生产的合成化学品已超过1亿吨，经常使用的约7.2万种，其中经过系统的毒性测试和环境影响评价的仅占总数的10%，占杀虫剂的35%，且合成化学品的种类还在以1000种/年的速度递增。

许多化学污染物具有致癌、致畸、致突变作用，还有些则可破坏动物(包括人类)的神经系统和免疫系统。这些化学污染物包括铅、汞、TCDD、苯、PCB、二恶英类、邻苯二甲酸二(乙基-乙基)酯、镉等。

源于人类活动的化学污染物已影响到从人体健康、繁衍直到区域和全球生态系统的方方面面，对人与自然之间的协调和可持续发展具有重大不良影响。

被毒死的鸟

农药对消灭植物的病虫害等方面虽起很大的作用，但亦污染了环境，危及人体健康。此外，农药对害虫的天敌和其他益虫、益鸟均有杀伤作用。日本长野县施用农药防治苹果红蜘蛛，虽在短期内红蜘蛛被消灭了，但秋后又发现红蜘蛛的数量比用药前还要多，究其原因就是其天敌同时也被杀死。另一方面，那些幸存的害虫抗药性越来越强，迫使人们不得不用更大的剂量去制伏害虫。在这场人虫之战中，人们不断合成新的化学农药，力图彻底战胜害虫。可是，害虫不仅未被消灭，而且有日益猖獗的趋势。在人虫之战中，受损最重的并不是害虫，而是害虫的天敌——鸟类。有人发现，许多以鱼类为食的鸟类，如秃鹫、鱼鹰、鹈鹕等的数量急剧减少了，有许多鸟类甚至在不知不觉中消失了。

滴滴涕一类的农药，化学性质稳定，易溶解于脂肪中，能够沿着水→浮游植物→浮游动物→小鱼→大鱼→食鱼鸟类的链条传递，并不断富集，甚至从水中微不足道的浓度到鸟体中增大成千上万倍，达到鸟类致死剂量。农药的大量使用，毒死了人类的朋友——鸟类，以及其他的害虫天敌，严重破坏了生态平衡，增加了害虫的潜在威胁。

1968年，加拿大为控制云杉蚜虫，用有机磷农药代替滴滴涕，结果在喷药以后，喧闹的森林成为死亡的峡谷，有1200万只鸟被毒死，有机磷药剂还杀死了水生生物，从而也影响到以这些昆虫为食的鱼类。农药对整个生态系统产生的影响，人们只不过看到危害的一角而已。目前，农业生

产依然靠化学农药来维持平衡，但这终非长久之计。

大规模喷洒农药

在自然界，害虫主要靠天敌来控制。昆虫学家估计，已知以植物为食的昆虫约有5万种，其中只有1%是严重危害作物的，其余99%虽也在作物或森林中出现，但都不足以达到为害的数量，因为每种昆虫都有一种或几种天敌控制其发展。利用害虫的天敌以虫治虫，是生物防治的一种行之有效的方法，这种方法经济简便，没有化学农药污染环境和产生抗药性的缺点。如北京孔庙院内101棵柏树、5棵槐树，树龄最长的达600余年。几位生物防治专家将700多只七星瓢虫放在参天古树上，没过几天，危害古树的蚜虫、红蜘蛛就被七星瓢虫统统吃光。传统的防虫办法一般采用农药喷治，这对环境造成极大的危害。据统计，我国目前生物防治病虫害面积已由1972年的80万公顷发展到目前的2130万公顷。总之，生物防治前途远大，是今后研究发展的主要方向。

除以上危害之外滥用农药常造成作物、水果、土壤以及水域的污染，甚还经常造成人畜中毒。更可怕的是，这些农药是长效的、有毒的，它们的结构很稳定，在动物和人体中容易积累。它污染土壤，污染水源后被植物所吸收，随着谷物、蔬菜进入人体。它随着青草、小虫、浮游生物等富集于鱼类、蛋类、肉类，又随着牛奶、鱼类富集到人体。因此，农药的污染特别令人忧心。可以肯定地说，没有一个人的体内不累积着一定的滴滴涕等农药。这些积累在人体中的毒物，追根寻源，都是我们自己制造的。

耕地是人类生存和发展的重要自然资源。耕地是土地的精华，也是生产粮食、棉花、油料和蔬菜等农副产品的基地。耕地数量的多少、土地的肥瘠，不仅直接影响到国民经济的发展，而且也关系着人类的生存和发展。

世界上现有耕地面积为13.7亿公顷，约占世界土地面积的10.5%。据联合国环境规划署估计，世界每年要损失500万～700万公顷的耕地。人类进入文明时代以来，损失了大约20亿公顷土地。时至今日，在世界上有些地区已经出现了严重的耕地资源危机。

由于城市化、能源生产和交通运输等方面的原因，耕地被占用的越来越多。如美国在1967—1975年期间，因城市扩大和建筑用地就占用土地251万公顷。目前美国耕地被占用的势头还在发展。从20世纪30年代到70年代由于非农业占有导致人均耕地面积下降超过50%的国家就有联邦德国、日本、中国和荷兰。土壤沙化是耕地减少的另一个重要原因。联合国环境规划署认为，良田变荒漠的形成过程是人类当前所面临的最严重的耕地资源危机之一。据研究表明，土壤的沙化正在威胁着世界上8.5亿多人，而全球35%以上面积的土地正处在沙漠吞噬的直接威胁之下。每年有2100万公顷农田由于沙漠化而变得完全无用或近于无用，每年损失农牧业产量的价值达260亿美元。耕地减少、土壤的生产力下降引起的恶性循环现象不仅在一些贫困的发展中国家已经出现，而且在发达国家中也有加剧的趋势。另外，土壤侵蚀(包括水蚀和风蚀)造成的水土流失和淤塞，风蚀造成的土壤薄土层流

引水灌田

失，以及积水和土壤盐渍化等，都导致了耕地的大量减少。除了上述这些情况以外，造成当今世界耕地资源危机的主要原因还在于人类活动的影响，其中包括人口增长过快、生态平衡的破坏、耕作制度不合理，以及对耕地的利用缺乏统筹规划等。

农业离不了水，为此，引水灌田便成为一项极重要的农业措施。迄今为止，兴修水利，灌溉农田，依然是解决农田用水问题的主要手段。世界上约有三分之一的土地实施灌溉，这对于保证农业生产起着十分重大的作用。但是，由于许多灌区都是人口聚居、农业发达的地区，或者是产粮的基地，农田灌溉如果处置不当，也会事与愿违。许多水利工程因违背当地的自然规律，或因灌溉方法欠妥，造成生态失调和土地的盐渍化。

地表水或地下水含有一定的矿物盐。当河水被拦截或提取用于灌溉后，流量减小，河流冲刷盐分的能力降低，常使河床地带有过多的盐分积累。埃及的阿斯旺水坝建成后，尼罗河下游流量大减，不少地方土地受盐渍化危害，病虫害亦增加。当河水被引灌到干旱土地上时，又因水分迅速蒸发，河水中溶解的盐分就浓缩并沉积在土地上，于是也使土地发生盐渍化。

土地是人类赖以生存的基础，只有土地才能满足人类的最基本需要。土壤的形成非常缓慢，几个世纪才形成一寸厚的表土层，一旦流失，很难恢复。撒哈拉大沙漠就是人类活动的灾难性后果的实例。从世界范围看，居住在农村的人占绝大多数，对发展中国家来说，再没有比保护土壤更重要的事情了。甚至可以说，保护每一寸土地是关系到国家安危的大问题。但是，全球有15%的土地因人类的活动而导致退化。

八、森林砍伐：人和动物一样将无家可归

根据一些专家的考证和测算，在100年以前，全球陆地有42%是森林，34%是沙漠。而仅仅是100年后的今天，森林便不足33%，沙漠却猛升至40%以上。

水土流失是当前世界面临的普遍而严重的问题。在美国，水土流失每年丧失表土30亿吨；俄罗斯有1.5亿公顷土地和1.3亿公顷饲料地受到水蚀，每年流失的氮磷等土壤养分多达7亿吨；哥伦比亚每年冲走的沃土有4亿吨；埃塞俄比亚则每年损失10亿吨；印度流失量更高，每年损失60亿吨。

乱砍滥伐森林造成水土流失，导致大量生产用地被毁。根据国际土壤信息中心1993年8月的一份研究报告称，巴西、中国、印度和中美洲是全世界生产用地损失最严重的地区。该国际组织还预到2013年左右，全世界将失掉1.39亿公顷生产用地。

水土流失

世界自然基金会宣称，全球原本拥有的森林中，到目前已有近三分之二被砍伐。如果以目前的速度继续摧毁林木，一些地区如马来西亚、泰国、巴基斯坦

及哥斯达黎加等，在50年后便不会有自然森林存在。该基金会最近进行的调查显示，在8000年前，全球的森林面积为80.8亿公顷，但时至今日只剩下28亿公顷，也就是说，每年被砍伐的森林面积平均多达1700万公顷，这种情况也出现在加拿大、欧洲、俄罗斯及美国的温带森林。而在亚洲，森林消失的速度让人吃惊，有88%的森林已一去不复返。比如巴基斯坦和泰国，每年就要损失4%～5%的森林，按照这样的速度，巴基斯坦和泰国的土地在15年内就会变得“光秃秃”，成为半沙漠地带。该基金会指出，最令人担心的是林木被砍伐的情况还是有增无减。

据路透社报道，旧金山1997年5月7日世界野生生物基金会研究称：美国和加拿大的森林只有5%受到保护，没有被砍伐和开采，而这一地区的森林却有3/4面临绝迹的威胁。世界野生生物基金会说，北美地区的森林曾经是地球上最为壮观的，但是由于砍伐和人类从事的其他活动，使得它们“正以令人惊恐的速度”消失。驻在加拿大的世界野生生物基金会的一位负责人阿尔林•哈克曼说，加拿大在管好全球的森林方面负有重大责任，因为加拿大境内的森林面积大约占全球森林面积的10%，他说：“加拿大现在每年砍伐的境内森林大约有100万公顷。”据1995年2月14日《日本工业新闻》报道，在20世纪80年代，亚太地区减少3900万公顷森林，若按这种速度消费，亚洲的森林资源再过40年就将枯竭。造成森林锐减的原因是，为商业目的砍伐木材、开发耕地以及作为燃料使用。欧洲经济委员会在1989年7月进行了全欧森林调查。参加这次调查的有25个国家，调查的总面积达1.06亿公顷(包括苏联的欧洲部分)，占欧洲森林总面积的2/3。调查结果表明：虽然大片林木完好，但许多生长多年的老树受到了明显的破坏。人们普遍认为，欧洲森林中的老树大面积受害，主要原因是受空气污染的直接和间接影响。专家们呼吁，要采取紧急措施，减少污染物的排放，拯救美丽的欧洲森林。

热带雨林作为陆地上最复杂的生态系统，是热带地区土壤的保护伞。热带雨林巨大的生物量和高的生产力，使得它能调节大气中的二氧化碳和氧气的浓度。其功能刚好与人的肺相反，能吸收大气中的二氧化碳、释放氧气，这不仅维持着生物圈的动物(包括人类本身)生存所需的氧气，而且有效地减缓了由于大气二氧化碳浓度上升导致全球变暖的后果。目前全球的热带雨林大致占全球陆地面积的8.8%。热带雨林主要分布在拉丁美洲、非洲和亚洲的热带地区。人口的增加，社会经济的发展，使热带雨林被毁的速度越来越快。自20世纪70年代以来，全球热带雨林以年均1700万公顷的速度被毁。在过去的100年中，全球大气中二氧化碳浓度增加了一倍，这与热带雨林的被毁直接相关。全世界1995年平均森林覆盖率为26.6%，人均森林面积0.6公顷。近几年来，世界每年减少森林面积11万平方千米。森林大面积消失，加剧了全球生态环境的恶化和水土流失，这引起了世界各国的关注。

随着人口的持续增长和科学技术的不断进步，人类对自己赖以生存的地球生态系统的改造作用，无论是在作用范围、作用规模，还是在作用强

复杂的热带雨林

度上，均日益增大和加强。包括农业、工业、第三产业以及国际商业活动等在内的人类活动，在不断利用地球自然资源，改造地球地表系统景观的同时，也改变了地表生物地球化学过程，使许多生物物种发生变异甚至灭绝，从而影响全球气候的变化和导致地球生态系统生物多样性的丧失。

多样性的生命世界是一个为人类提供食物、原料、能源、药物的巨大宝库。现在各国的药物中，有一半来自大自然。如果损坏了生命的多样性，也就破坏了这些潜在的宝库。多样性的生命世界还是个巨大的基因库。每一种基因都是大自然进化了千百万年的产物，在生物工程中有着巨大的价值。现代科学技术还远远不能在实验室中制造哪怕是最简单的生命。每一种生物，都是地球上的宝贵财富，每一种基因，都有着巨大的潜在的价值。现在，人类对生物基因的了解还处于很低的水平，但随着分子生物学的发展，基因工程必将大行于世，那时，基因库将发挥重要作用。生物多样性的破坏，对人类将造成严重后果。由于自然栖息地的毁灭而失去遗传物质和物种多样性，这是我们子孙最不能原谅我们做的蠢事。大自然里众多的生命都是人类的朋友，都是地球存在的必要条件。

由于人类对环境的破坏，20世纪末，160万种动植物中有大约20%灭绝，若不采取措施，则用不了25年，现在世界上存在的所有珍稀物种就会消失。在1986年召开的世界生物物种会议上，美国昆虫学教授爱德华·威尔逊博士指出，地球上还没有发现的物种数量可能高达3000万种。相对于人类目前已经发现的160万种生物种类来说，许多物种将在被人类发现之前就已经被人类消灭。但是，正是这些动植物和大量的微生物构成了地球生物不可缺少的生态链条：它们侵入地球的表面，肥沃土壤，制造我们人类赖以生存的空气，从而维持着地球的生态平衡。如果它们都灭绝的话，人类将只能存活几个月。

森林、草原和湿地是大多数动植物物种生存的主要环境，由于人类的大面积开发和破坏，如砍伐森林、毁林开垦等，使得大量的动植物物种丧失了它们所需要的栖息生存环境。例如，美国曾有一种象牙嘴啄木鸟，由于人类在其栖息的沼泽地大量伐木，使其找不到赖以生存的树中蛀虫，今天这种鸟已几乎绝迹。1914年美洲旅鸽的灭绝，也主要是由于其赖以栖息、繁殖的大片树林遭到严重破坏所致。地球上50%～90%的物种是以热带雨林为家的。德国乌尔姆大学的格哈德·高茨贝格教授说，砍伐和焚烧雨林是一场世界性的灾难，热带雨林是全部生物中70%～80%的家园，它们中的大部分因为生活在近60米高的树顶而尚未被研究过。这些生物中有不为人所知的病毒和细菌，它们正在寻找新的栖息地。高茨贝格警告说："如果我们把雨林完全破坏掉，病毒不久就会来到我们的周围，制造许多麻烦。"

已经灭绝的旅鸽

生物的生存离不开温度，温度的变化将不仅直接影响到生物的存活，而且还将通过改变生物生存环境的分布和特点间接地影响物种的数量。全球气温升高和气候日益变暖，对于生物物种的潜在威胁是十分巨大的。据观察表明，全球气候变暖温度上升不到1℃就会引起动植物分布的重大变化。如果全球平均气温升高2℃，那么地球上的所有物种就将遇到一万年来从未遇到过的生存

条件。为了抵消这种气候的迅速变暖，物种将不得不向高纬度或高海拔地区迁移，而迁移的过程恰恰是物种最容易死亡的过程。

长期以来，出于食用和商业目的，人类捕杀各种野生动物。如当今犀牛的濒临灭绝，就是由于对犀牛角的需求从而导致人们滥捕滥杀的结果。当今世界，物种灭绝而导致的地球物种枯竭的危机已经发展到相当严重的程度。

即将灭绝的植物

据统计，我国目前濒危动植物约有1431种，约占我国高等动植物总种数的4.1%。其中濒危高等植物1009种，占我国高等植物总数的3.4%，濒危脊椎动物398种，占我国脊椎动物总数的7.7%左右。物种的枯竭实际上就是生物多样性的丧失。从全球的角度来看，生物多样性乃是一种全球性资源，它对于维持地球生态系统的平衡以及人类的生存和发展都有着举足轻重的作用。而目前人类所面临的物种枯竭危机或生物多样性的丧失，已经对人类的生存和发展造成了严重的后果。

物种的自然集合对于保持局部范围内的生态平衡有着重大的贡献。例如，调节水域中的水流速度、缓冲灾害性的洪水、净化城市空气，以及保护有助于控制害虫的捕食性鸟类和昆虫的自然群落等。一个物种遭到灭绝，被其控制的物种就会无限制地繁殖起来，从而对人类的生存造成危害。例如，近年来一些国家的林区、草原和农田里虫鼠危害严重，就跟许多鸟类和其他动物的减少有很大的关系。

在现代农业和畜牧业的发展中，优良品种的培育是极其重要的一个环节，而这必须有合适的基因资源。如在土耳其有一种小麦，秆茎细、易倒伏、不耐寒、生长期长、面粉质量也差，一直被人们认为是没有前途的品种。但是在20世纪80年代美国小麦锈病蔓延时，束手无策的农民忽然想到了这种小麦，结果用它培育出新的品种，拯救了美国西北部的小麦，每年避免了几百万美元的损失。

人类所需的一些重要药品和其他医药产品常常依赖于某些植物和动物品种，如抗疟药来自金鸡纳霜树，鲨鱼内有抗癌物质。在目前美国每年所开的药方中，有40%以上都有一种天然生产的药材作为一项主要成分。这些药材有的来自植物，有的来自微生物，有的来自动物。野生动植物同时还是提取药物的材料，例如，由麻黄提取麻黄素，由青蒿提取青蒿素等。随着医学的发展，许多原来不被注意，甚至不知名的物种被发现可以入药，如热带雨林中的美登木、粗榧、嘉兰等能提取抗癌药物。因此，物种的枯竭可能使人类永远地失掉一些更为有效的药物、化学品和其他有用产品的来源。

野生生物在工业和科学技术方面的用途也相当巨大。如从褐色海草中提取的海藻素就广泛应用于染料、涂料、建材、化妆品、洗发剂和肥皂等的制造中。现在，野生生物在工业中的用途不断被发现，如人们通过对萤火虫发光习性的研究已经设计出了一种没有火星也不发热的发光装置，可供特殊条件下作光源用。在科学技术研究尤其是医学研究和太空研究中，也离不开一些可以替代人做实验的动物，如黑猩猩等。因此，物种的枯竭

也必将对科学技术的发展带来巨大的损失。

由于人类活动而带来的生物多样性的减少必然会使人类为此而付出更为巨大的代价，因此，为了保持生态系统的自然平衡，保护生物多样性，是当代人类义不容辞的责任。目前，物种的快速消失和枯竭已经引起了许多国家乃至全世界的广泛关注，人类也采取了一些措施来想方设法地保护生物物种，如开展调研，对稀有和濒危物种进行登记；建立自然保护区；建立珍稀动植物养殖场；进行物种保护宣传工作；加强保护野生动植物物种立法等。

1992年联合国环境与发展大会制定的《生物多样性公约》的序言中就强调指出：鉴于目前地球上物种灭绝加剧的严酷现实，各缔约国应该意识到生物多样性的内在价值，以及生物多样性及其组成部分的生态、遗传、社会、经济、科学、教育、文化、娱乐和美学价值；应该意识到生物多样性对进化和保持生物圈的生命维持系统的重要性；应该确认生物多样性的保护是全人类共同关切的事项；为了人类的持续发展，必须保护生物多样性。

第三章

加入低碳队伍，打造低碳空间

一、我们的城市期待蓝天

以北京为例。北京是一个历史悠久的城市，长期以来却背着空气质量差的恶名。用老北京人的话形容就是“春秋吃沙子，夏季洗‘桑拿’”。10年前，站在中央电视塔的观景平台上向市区望去，常常可以看见厚厚一个“灰色锅盖”，将京城盖得严严实实。据统计，在1998年一年里，北京市属于重污染的天数就有141天，大气中的可吸入颗粒物指数总是在370～380之间。白天少见蓝天白云，夜晚更是找不到月亮星辰。经济飞速发展，让北京空气质量日趋恶化，楼越来越高，天越来越灰，改善环境的呼声日益高涨。

近年来，北京加大了环保投入。特别是借着奥运会的契机，环境质量有所改善。2008年北京市环保局的环境状况公报显示，全年空气质量二级和好于二级的天数达到274天，占总天数的74.9%，比2001年增加89天，提高24个百分点。二氧化硫、一氧化碳和二氧化氮浓度均达到国家标准，但是可吸入颗粒物浓度仍超过国家标准22%。可见，北京的环境虽然有所好转，但是大气污染问题依然存在。

机动车尾气难逃其咎

造成空气污染的因素是多方面的，如大量的工业废气、煤烟型污染和机动车尾气等。其中，“马路伴侣”的机动车尾气难逃其咎。据资料显示，机动车尾气是大气污染的最大根源，已经占到了整个污染源的85%。

另外，根据环保部门统计显示，北京市全年首要污染物可吸入颗粒物中，50%以上来自燃料燃烧产生的污染，其中又以机动车尾气排放为主。

随着经济繁荣和人民生活水平的提高，近年来机动车保有量持续上升。回顾新中国成立初期，北京市机动车只有2000多辆。49年后，1998年北京市的机动车也不过100多万辆。然而，这些年北京的车辆出现了爆炸式增长，2003年212万辆，2005年258万辆，2007年突破300万辆，截至2009年8月底，北京市汽车保有量已达到381.8万辆，基本上是一天增长1000辆左右，高峰时期增长近2000辆之多！机动车尾气排放量往往与机动车行使状况息息相关。在怠速情况下，尾气排放是正常速度的数倍。汽车增速如此之快，造成严重的交通拥堵，车辆频繁加减速和怠速，导致机动车尾气排放量大幅增加。

机动车尾气排放

绿色出行从奥运开始

改变旧有形象，提高空气质量，绿色出行势在必行。2008年绿色奥运，为北京提供了绝好的践行机会和宝贵经验。

为改善交通和空气质量，北京奥运期间采取了一系列措施，包括优化公共交通网络，推行公交优先战略；采取临时措施，如机动车单双号限行，封存部分公务用车、限制外地车辆进京等。多管齐下效果明显，据测算，奥运期间市区车速达到每小时43公里、地面公交速度从每小时14.5公里提高到每小时近20公里、高速公路和国道日均车流量分别下降了34.6%和25.2%。2008年8月8—24日，北京市空气质量全部达标，为10年来历史最高水平。二氧化硫、一氧化碳和二氧化氮浓度均达到了世界发达城市水平。联合国副秘书长、联合国环境规划署执行主任阿齐姆·施泰纳禁不住感慨，在奥运会历史上，从来没有哪个主办城市像北京这样，将奥运会作为改善环境质量的一个重要契机。

然而，也必须看到，北京的绿色出行存在明显的短期效应。比如，单双号限行措施是通过削减总量的方式缓解交通，短期内见效快，但无法长期保持。单双号限行解禁后的首个周一早、晚高峰恢复到了奥运前的状态，呈现出典型的“后奥运特点”，机动车上路量明显增加，总量达到340万辆，驾驶员突破500万人，交通压力相比奥运前似乎更加严峻。此外，交通限行还导致第二辆车的购买行为激增。奥运会限行前，北京市亚运村汽车交易市场预计6、7月的汽车销售将会下降。而实际情况是，这两个月的销量非但没有下滑，反而是近些年来同期最好的。

2008年，北京绿色奥运

奥运会结束后，北京市开始推行“每周少开一天车”的车辆限行措施。但无论如何，限行只是解决交通难题的应急之策。绿色出行必须依靠实施全方位的配套措施，这主要包括三个方面的内容：

第一，长期坚持推行公交优先政策。让人记忆犹新的是，奥运会期间

北京公共交通出行比例曾一度高达45%，但这种“畅通”并不是一种稳固的状态。因为按照北京市规划，到2015年，在轨道交通达到560公里时能够实现这个比例，而目前的轨道里程不过200公里。

北京下一步应该进一步优化公交线网，扩展公交支线网，提高地面公交的可达性，进一步改善轨道交通与公交线路、自行车和小汽车等不同方式之间的衔接换乘，研究解决轨道交通网络化运营的重大关键技术，进一步加大地铁高峰时段发车密度，科学调整运行组织，提高全网整体运行效率。

第二，实施“需求管理”并举策略。为遏制以潮汐式出行为主要特征的交通需求时空分布的畸形化，在城市空间结构调整的同时，要重视城市功能布局的同步优化调整。同时继续严格控制中心区建筑密度和人口规模。

第三，尽快出台燃油税，提高城市中心区停车费等增大用车成本的措施，通过价格杠杆引导人们合理用车。加速开发与推广新能源汽车的大规模商业运行，从而最大限度地节省能源和基础设施开支，既能减少机动车造成的排放污染，又能改善交通的拥堵状况。

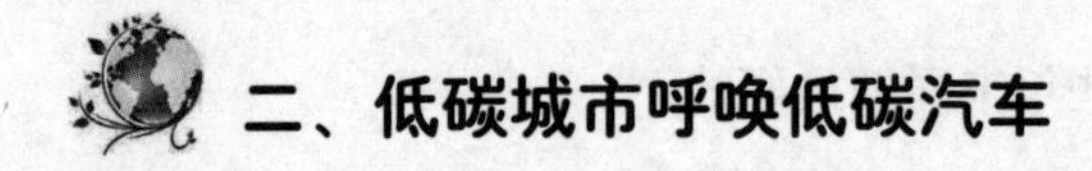

二、低碳城市呼唤低碳汽车

新能源汽车的市场化实践

世界原油供应紧张，而且价格持续上涨，已经成为各国政府、研究机构和企业加速开发与推广新能源汽车的直接动因。

多年以来，美国节能清洁汽车的发展重点主要在燃料电池汽车上，氢燃料电池模式是清洁节能汽车的最终解决方案。但是，燃料电池汽车目前价格太高、氢燃料的存储和运输比较困难，国际汽车界普遍认为，2020年以后燃料电池汽车才能真正得到大规模的商业应用。不过，近些年美国开始重视混合动力汽车和先进的柴油车的发展，目前，美国是最大的混合动力汽车市场。先进的柴油车在美国发展也很快，过去3年美国先进的柴油车的销量增长了56%。预计在燃料电池汽车大规模商业运行以前，混合动力汽车和先进的柴油车会保持较快的发展。

在过去15年中，欧盟的节能环保汽车都立足在先进的柴油技术基础上，并且获得了很大的成功。先进的柴油车不仅在技术上获得了突破，使柴油车的气体污染物排放大为减少，而且由于先进的柴油车价格明显低于其他节能环保车，在市场上获得了较大扩展。早在2004年，欧盟新增商用车中几乎100%是柴油车，新增轿车中50%是柴油车。从未来欧盟各国的发展方向上看，除了继续提高柴油车的技术水平外，还会积极开拓其他节能环保汽车领域，比如，采用新型技术，研发混合动力和燃料电池汽车；积极发展可再生能源，特别是生物柴油。到2020年，可再生能源消耗要占全部能源消耗的47%。

低碳汽车

奥巴马的电动汽车计划

推动新能源汽车发展是奥巴马政府能源政策的重要组成部分之一，旨在通过发展利用新能源，使美国摆脱对海外石油的过度依赖。

2008年3月19日，奥巴马总统宣布24亿美元援助计划，推动插入式混合动力汽车发展。当天，他在加利福尼亚波莫纳的爱迪生电动汽车技术中心对工人称，“展示你们的思想和你们的公司是迎接美国所面临挑战的最佳方式，现在将给你们一个机会来证明它”。奥巴马表示，援助计划的目标是在2015年有100万辆插入式电动汽车投入使用。为鼓励消费，购买充电式混合动力车的车主，可以享受7500美元的税收抵扣。

金融危机使美国汽车业雪上加霜，白宫希望新能源汽车方面能够有所突破，带动行业摆脱生存危机。2009年2月，在美国参众两院通过的高达7870亿美元的经济刺激方案中，政府将拿出35亿美元(包括捐赠物资和贷款)，用于鼓励先进车用电池研究和低油耗车型消费。其中，20亿美元专款将用来支持美汽车企业研发新型车用电池和电池系统，6亿美元将用于到了使用年限的公务用车换成新能源车，3亿美元更新老旧柴油车，4亿美元为联邦及地方政府购置更节能的新车。此外，美国政府还计划斥资110亿美元更新国家电网，为大规模推广电动汽车铺平道路。

电动汽车

面对新能源汽车的浪潮，美国州政府反应积极。2009年初美国密歇根州州长珍妮弗·格兰霍姆乘坐福特电动汽车抵达北美车展主会场科博会展中心，代表州政府签署了先进电池生产企业税收抵免法案，想吸引这个发展较快的行业向“汽车之城”底特律靠拢。根据该法案，密歇根州政府将为电池组研发、制造和电气一体化车辆工程及相关活动提供3.35亿美元的税收抵免优惠，以抵消美国汽车“三大”业务下滑给当地经济造成的影响。

美国联邦及州政府的态度已十分明朗，就是要大力支持电动汽车的研发。汽车厂商和一些科研机构等也在加紧采取行动，争取在新能源汽车及其电池组的研发和生产方面有所突破。从目前来看，新能源汽车市场化进程有望加快。

中国新能源汽车发展充满后劲

“股神”巴菲特以把握长期投资趋势精准著称，却逆金融危机而动瞄准了中国。2008年9月27日，巴菲特旗下附属公司Mid American(中美能源控股公司)宣布斥资18亿港元入股内地在港上市公司比亚迪股份。此举也验证了巴菲特之前的说法：“在合适的环境下，你会在中国看到我的大量投资。”这是在美国次贷危机转为全面信贷危机之后，巴菲特以至少50亿美元的代价入股美国第一大投行高盛后进行的第二笔重大投资。

此次投资还有两大重要反常之处。第一，在朋友和长期合作伙伴伯克希尔—哈撒韦公司的副董事长Munger的推荐下，巴菲特打破其一贯遵循的原则“绝不投资于那些不了解的生意”，坚决投资中国的电动汽车生产商比亚迪；第二，巴菲特曾经投资的中资企业多为排名全球500强的大型央企，而这一次却选中了中国民营企业比亚迪。

究竟是什么原因使得巴菲特看上了比亚迪，而不惜打破常规?归根结底，是这家公司的优良表现和广阔前景。

新能源汽车效果图

在外界眼中，成立于1995年的比亚迪是个年轻的公司，其拥有的技术优势是被“股神”看中的重要因素之一。事实上，比亚迪早在通用、本田和丰田汽车之前就开始销售带有备份汽油发动机的电动汽车，具有全球领先的电池技术优势和整车生产平台。目前，比亚迪已经掌握了电动汽车研发的关键技术，在发挥其在电池行业技术优势的同时，它的“铁”动力电池的研发能力也居于国内首位、世界一流的水平。比亚迪电动汽车有近300人的研发和测试队伍，更令人印象深刻的是，这家公司还有着卓越的成本控制。其F3DM品牌轿车的售价仅2.2万美元，远低于丰田普锐斯和通用ChevyVolt品牌所预计的成本。

比亚迪迅速的发展态势、先进的技术优势和卓越的成本控制，使其拥有不错的经营报表表现。2008年比亚迪半年报显示，其汽车业务表现良好，营业额增长幅度达71%。上半年汽车业务的营业额约为38.1亿元人民币，同比增长约71%，汽车销售量约为72357辆，同比增长约94%。

然而，比现实更动人的是中国的实践已经展开。相继在1995年和第9个“五年计划”有关电动车类似研究后，2005年起步的中国电动车研究是在中国本土第三次冲击电动车技术的尝试。新兴的汽车制造商，甚至一些以前并未有机械制造经验的新兴公司，在悄悄充当着探路者的角色。巴菲特入股比亚迪，被电动汽车界视做对比亚迪的全球担保；天津清源公司借助美国萨曼斯公司作为代理商，已经以1万美元1辆电动整车的价格出口北美，被《纽约时报》视做全球电动汽车的新星。中国汽车业对电动车的摸索牵动着外国媒体的神经。《纽约时报》认为，“无论在传统内燃机驱动的汽车领域，还是在新兴混合动力汽车方面，美国汽车工业都遇到了激烈竞争，而中国对电动汽车的大胆尝试，更加剧了汽车工业未来的不确定性”。通用汽车公司中国政策研究室主任戴维·塔劳斯卡斯的说法则更直接：“虽然中国汽车工业目前仍落后于美国、日本和德国，但是在传统汽车越来越多被电动车取代的时代，中国本地汽车制造商有可能成为新的全球领导，中国汽车工业即将出现飞跃式发展”。

三、让自行车回归

中国素有“自行车王国”之称，在过去的贫穷年代里，自行车成为人们出行的首选工具，浩浩荡荡的自行车大军成了中国城市的一大独特景观。

自行车王国

如今物质生活有了明显的提高，以机动车代步就成了一种普遍和时尚。但是它在给人们带来享受的同时，也带来了困扰。交通拥挤、车满为患已经不是一两个大城市面临的问题。交通道路严重透支，城市空气质量也令人担忧。越来越多的汽车和为它们加宽的道路，将自行车逼到了越来越窄的自行车道甚至是人行道上。

著名环保者、全国政协委员梁从诚表示：“在北京骑自行车缺乏安全感：

新建道路没有自行车专用车道；有些自行车道过窄；机动车行驶中占用自行车道；机动车尾气污染影响骑车人健康；机动车停车位占用自行车道；在自行车道设置公共汽车站，导致公交车出入时影响骑车人正常行驶，并造成交通隐患。这些情况损害了自行车的交通资源，当自行车与汽车在同一条路上通行时，自行车自然成了'弱势群体'，似乎正在被人们遗弃。”

为了解决城市交通和环保问题，不少城市想了不少的办法，但这些措施都难以从根本上奏效。而自行车占地面积小，既安全又环保，既节省又健身，可说是解决这一问题的“良药”。

2008年中国自行车产量达8500万辆，占到世界总产量的68%，出口量居世界第一。然而，这个自行车王国却是自行车运动文化的弱国。深圳市工经联主席、自行车行业协会理事长王肇文说得好：“除了大量生产出口，中国国内年销自行车也达到5000万辆，但多数被用做代步工具，没有形成自行车运动文化”。

说起自行车文化，就不得不提欧洲的荷兰。荷兰人口只有1600万，而自行车的使用量却有1800万辆，每人不只一辆，只有3岁以下和90岁以上才不允许骑自行车，自行车普及率世界第一。在荷兰，很多政府高级官员也都是自行车一族，骑着自行车上下班十分惬意。

在我们邻国的韩国和日本，自行车文化也正在成为时尚。王肇文说过一个很趣的故事：他到北京遇到韩国、日本的老板，见面谈的不是买宝马汽车，而是买什么样的高级自行车。

以韩国为例。韩国是一个人均拥有车辆较高的国家，人均汽车保有量已接近每3个人一辆。由于受地形和城市道路等因素的影响，韩国自行车的出行率很低，自行车还只是人们在公园和广场用于健身的一种工具而已。在这样一个国家里，要想成为一个真正的自行车大国，其难度可见一斑。

昌原是韩国自行车运动模范城市，市民每月骑车上下班超过15天可获3万韩元奖励。2009年5月3日，韩国总统李明博骑自行车出席了该市举行的“韩国第一届自行车节”活动。为实现2050年前将二氧化碳排放量减半的目标，他大力提倡骑自行车出行以实现“低碳绿色增长”，并希望能在5年内使韩国成为世界第三大自行车生产国。

韩国政府要从产销两方面大力扶植自行车产业。为实现年产20万辆的目标，政府将提供多种开发援助，并制定了《推广自行车利用综合对策》。各地方政府纷纷响应，开始修建自行车道或通过公用自行车来推动自行车普及。韩国计划在未来的10年内建设总长为3144公里的自行车道路。据报道，韩国完善自行车基础设施的预算额为375亿韩元(1美元约合1252韩元)，其中高达230亿韩元的追加预算已于当年4月底通过了国会审议。政府还会模仿“环法自行车大赛”建设“环韩自行车大赛”的线路，将其开发为一项旅游资源。

形成鲜明对比的是，作为传统自行车大国的中国，却日益失去对自行车理念的坚持。人们的观念问题是自行车文化形成的最大障碍。“很多人一年只有三五万元的收入，却拼了命也要买一辆汽车”。“在中国，骑自行车给人一种卑微的感觉，是会被人瞧不起的”。这种观念的存在，迫使很多人虽然认同自行车却不敢骑自行车上下班。

这正是一种国民不自信的表现。北京大学著名教授孔庆东骑旧自行车代步的照片一度在网上流传。孔教授笑言：“这可不是普通的自行车，这是我的‘北京吉普’。我的祖先孔子讲‘俭，吾从众’。提倡节约，这是个真道理。”目前，国内一批具有高文化素养的“强势人群”正在“脱离

丹麦时尚自行车女郎

四轮，回归双轮”。大街上跑的都是名车并不会让人赞颂城市品质；相反，一座空气清新、民风朴实和机会平等的城市才会让人们竖起大拇指。

从“四轮”回归“两轮”，是人们渴望的自然回归。吐着废气的传统燃油汽车正慢慢驶离人们的视线，取而代之的是排放更少、效益更高的氢动力、纯电动力等新型清洁能源汽车。清洁动力好似地下喷涌而出的清泉潺潺绵延，必将取代传统动力成为人类社会进步的助推器。伴随着低碳时代的到来，一场“马路上的革命”悄然而至。

四、绿色建筑：低碳的呼唤

伴随着中国工业化进程的突飞猛进，经济社会的可持续发展正面临着严峻的挑战。传统工业化模式的高投入、高消耗、低效率和重污染不仅使我们不堪重负，也对全世界构成极大压力。同时，与世界其他国家相比，我国城市化水平还低于世界平均水平，正处于加速发展阶段。城市建设上升期有可能推动建筑业未来超越工业、交通等部门而居于社会能源消耗的首位。目前建筑能耗已经占到中国全社会总能耗的20%～30%，因此，推广绿色建筑，实现节能发展，刻不容缓。

所谓绿色建筑，是指“在建筑的全寿命周期内，最大限度地节约资源(节能、节地、节水、节材)、保护环境和减少污染，为人们提供健康、适用和高效的使用空间，与自然和谐共生的建筑”。从长期来看，绿色建筑具有较好的经济效益、社会效益和环境效益，将逐渐获得市场的认可。根据加利福尼亚州可持续建筑工作组资助的一项研究——绿色建筑的成本与财务收益显示，前期多投入仅2%的成本用于支持绿色设计，就可以在建筑的整个生命周期内节省20%的总体建设成本——是初期投资节约的10倍。绿色建筑除带给我们许多节约能源、节约资金、创造工作机会的经济效益之外，绿色建筑还带给我们巨大的社会效益和环境效益，实现绿色建筑的行业低碳发展，是构筑未来低碳生活的必要途径。

绿色建筑

向城市化进程中的建筑业迈进

近年来，中国建筑业取得了举世瞩目的成就，在国民经济中的支柱产业作用日益明显，中国城镇化的快速发展带来了大量需求，城乡建筑规模逐年增加。

我国在新中国成立初期，城市化进程缓慢，城市化率较低，1949年城市化率只有17.43%，之后由于各种因素的影响，城市化率反而有所下降；改革开放以来，中国城市化进程发展迅速，城市化率也由1978年的15.82%提高至2006年的32.53%。近两年中国城市化水平更为迅速，截至2008年9月，城镇人口达6.07亿，中国城市化率已经达到了45.7%。

随着城市化的高速发展，中国的建筑物面积也大幅飙升。目前中国每年新建建筑面积约20亿平方米。

中国建筑能耗大幅增长将不可避免

伴随着城市化高峰的到来，建筑能耗的比重越来越大，并成为温室气体的重要排放源之一。建筑物所涉及的二氧化碳排放，不仅包括建筑施工和使用过程，还包括建筑材料的生产过程。据统计，建1平方米的房子，会向大气中排放574千克二氧化碳。在英国，50%的二氧化碳排放来自于建筑物，欧洲为45%，从全球平均来看，这个比例也高达40%。

发达国家由于城市化水平较高，建筑业发达，建筑能耗长期居高不下。据统计显示，美国的单位面积建筑能耗为每年187千瓦时/平方米，人均建筑能耗为每年16030千瓦时/人；加拿大比美国还高，分别达到每年202千瓦时/平方米及18206千瓦时/人；日本稍低，分别为178千瓦时/平方米及7774千瓦时/人。与这些发达国家相比，中国的单位面积建筑能耗与人均建筑能耗相对很低，分别为每年30千瓦时/平方米和每年743千瓦时/人。

虽然从数字看来，目前中国建筑能耗远低于发达国家水平，但是随着经济的发展、人民生活水平的提高和城市化进程的不断推进，中国建筑能耗的大幅增长将不可避免。

中国现在每年新增建筑面积约为20亿平方米，高楼大厦时时在我们身边拔地而起。但令人担忧的是，这些新建筑大多数未采用节能技术，而既有建筑又都未经过改造。比原有建筑耗能还高的设计和材料，例如不通风的房型、导热系数极大的落地窗、外飘窗等却经常成为流行。单位建筑面积能耗攀升，建筑能耗总量大增，建筑能耗在社会总能耗中的比重亦节节上升，已从20世纪70年代末的10%，上升到近年来的20%以上，这个比例是世界同纬度国家的3倍，且还有继续上升的趋势。数据显示，2005年北方城镇建筑采暖和农村生活用煤约为1.9亿吨标准煤/年，占中国社会能源消费总量的8.5%；建筑用电和其他类型的建筑用能(炊事、照明、家电、生活热水等)折合为电力，总计约为7400亿千瓦时/年，约占中国社会终端电耗的27%。可见，建筑能耗已经成为我国社会终端能源消费的主要方式之一，并且上升势头迅猛，如果不加节制，按照目前的趋势发展，到2020年中国建筑能耗将达到约11亿吨标准煤的水平。

中国人口众多，如果按照过去的发展模式或者走发达国家的老路，那么即使全球目前能耗总量的1/4拿来满足中国建筑的能源要求，也是不够的。因此，中国必须走出一条充分考虑城市化过程中人均能耗上升，兼顾我国能源条件的集约道路，在城乡一体化、农民工市民化的长期发展主线下考虑中国的城市建设战略，降低建筑能耗，实现可持续发展。

低碳经济时代势不可挡。在技术的层面上，低碳经济要求我们为房地产业建立一个低碳的能源系统、低碳技术体系和低碳产业链。改变高耗能的生活方式，采用先进的节能手段打造绿色建筑，是今后建筑业发展的必然趋势。

推行节能住宅，是欧美国家当前推行城市低碳化的一大热点。

英国政府在推动建筑节能方面可谓不遗余力。首先，是公共建筑。政府规定2008年中央政府机关建筑物能耗要在1990年的基础上降低20%，卫生保健部门2010年能耗要在2000年的基础上降低15%。从2008年6月起，要求将博物馆、展览馆和政府办公大楼等大型建筑的能耗情况张榜公布，以动员社会力量加强监督，促进全国实现节能减排的目标。在此基础上，英国政府将拨款1000万英镑改造英国境内中小学校，以减少其二氧化碳

节能建筑

的排放量。其次，在个人家庭住宅建筑节能方面英国政府更是下了不少工夫。英国政府规定，在建筑设计时，必须综合考虑光照、风力等各方面的节能问题，开工前必须有获得当地政府批准的建筑能耗分析报告，否则将被禁止施工建造。

为降低新建筑物能耗，2007年4月英国政府颁布了“可持续住宅标准”，对住宅建设和设计提出了可持续的节能环保新规范。在具体操作层面，政府宣布对所有房屋节能程度进行“绿色评级”，从最优到最差设A级至G级7个级别，并颁发相应的节能等级证书。被评为F级或G级住房的购买者，可由政府设立的“绿色住家服务中心”帮助采取改进能源效率措施，这类服务或免费或有优惠。

美国环保局也对有利于节能的建筑材料授予“能源之星”标志。美国采购法规定，政府必须采购“能源之星”认证产品。“能源之星”间接地成为政府强制性行为，是国外产品进入美国市场的技术壁垒。德国的《能源节约法》规定，消费者购买或租赁房屋时，建筑商必须出示一份“能耗证明”，告知消费者该住宅每年的能耗。新法规还鼓励企业和个人对老建筑进行节能改造，并实行强制报废措施。

朱棣文的白色屋顶计划

“把你家的屋顶涂成白色。”美国能源部长，诺贝尔物理奖获得者朱棣文在世界各地为“降温屋顶”呼吁，“如果各国将所有房子的屋顶都刷成白色，将人行道变成水泥色而非深色调，其效果将相当于减少全世界道路上所有车辆11年排放的二氧化碳总量”。据称，如果在未来的20年里将全球的屋顶都涂成浅色，能减少排放240亿吨二氧化碳。相比于全球去年的二氧化碳排放量240亿吨来说，这相当于让地球休息了一年。

下面这个例子说的是白色屋顶安装前后的效果。“在夏日里，我们回到家中时，屋里的温度足足有115华氏度(约合46摄氏度)，闷热极了。”在安装白色屋顶前，乔恩·沃尔德雷普通常会打开空调。他的4个小孩刚从托儿所里接回来，迫不及待地需要凉快一下。这种情况最近得到了彻底的改变。安装白色屋顶后，“现在我们白天回到家，就算室外有100多华氏度，屋里依旧保持在80华氏度(约合26.7摄氏度)左右。”这是闪亮的白色塑型覆盖材料做成的新型屋顶，它不仅仅是一种保温材料，而且还是一种能使地球降温的方式。

朱棣文倡导的白色屋顶

有研究表明，在炎热的天气里，白色屋顶至少能节省20%的空调电费。降低能源消耗意味着减少二氧化碳排放，而它正是导致全球变暖的罪魁祸首之一。而且，白色屋顶的花费仅仅比黑屋顶多15%左右。

关于白色反射性屋顶的尝试正在全世界展开。这项发明特别适用于夏天就成为热岛的城市。

阿联酋的迪拜、印度的新德里、日本的大阪，致力于降低能源消耗的各地方官员都正在采纳反射性屋顶方案。

在美国，沃尔玛超市是反射性屋顶的忠实追随者之一。10年来，反射屋顶是沃尔玛新开门店的标准设施。全美4268家沃尔玛门店中，有75%以上的门店都安装了反射性屋顶。加利福尼亚、佛罗里达和佐治亚州已经批准了建筑法规，鼓励商用建筑物安装白色屋顶。

屋顶覆盖材料制造商们正争先恐后地研发新产品，都希望能在“降温屋顶”运动从超市平屋顶扩展到城郊一般人家的斜屋顶之时从中获利。劳伦斯·伯克利实验室的汉森姆•阿克巴里估计，虽然不确定“降温屋顶”需要多久时间才能真正流行起来，但无论是屋瓦还是涂有沥青材料的盖屋板，多数屋顶的生命周期大约都在20～25年。如果每年大概有5%的旧屋顶换成“降温屋顶”，那么全美的屋顶改造计划有望在20年内完成。

沃尔玛超市正在安装白色反射屋顶

零排放建筑

2009年4月18日，“绿色创意之家”的样板住宅在东京正式与公众见面。从电视机、洗衣机到通风、照明系统，住宅里汇集的所有家电无不体现“绿色环保”概念，该住宅活用节能、创能、储能方面的先进技术，充分利用大自然的风、光、水、热等绿色资源，实现了整个家庭在正常生活的前提下二氧化碳零排放的构想。

所谓“零排放”是指无限减少污染物和能源排放直至为零的活动，即利用清洁生产，3R(Reduce，Reuse，Recycle)及生态产业等技术，实现对自然资源的完全循环利用，从而不给大气、水体和土壤遗留任何废弃物。其内容主要包括两个方面：一方面是要控制生产过程中不得已产生的废弃物排放，将其减少到零；另一方面是将不得已排放的废弃物充分利用，最终消灭不可再生资源和能源的存在。“零排放”概念正在成为建筑业的新宠。

我国目前有宁波零排放大楼、广州珠江城及清华大学中意环境节能楼等零排放概念建筑的代表。

宁波诺丁汉大学可持续能源技术研究中心大楼2008年9月正式投入使用，它被称为“玻璃屋”，是意大利知名环保建筑设计师利马里奥·库西内拉设计的。这幢大楼之所以被称为“零排放大楼”，主要是因为通过内部节能系统——太阳能点灯、雨水冲厕、地热取暖，整座大楼在使用过程中没有任何废气排放，自然界的能量被运用得恰到好处。它最与众不同的地方就在于整个楼顶和窗户边的金属装饰材料、楼前草坪上的金属篱笆，都是太阳能发电板。白天，太阳能板把日光转化为足够热能，带动发电系统，使电梯、机械通风和冷却水系统运转。如果有额外能源未被使用，还可以将它们储藏在电池里。据了解，大楼内的照明和办公用电不仅能自给自足，还可以把多余没用完的电供给与之毗邻的体育馆。而建筑物三角形风扇的造型，可以多角度采光，通风

宁波零排放大楼概念图

排热。据诺丁汉大学可持续能源技术研究中心主任乔大宽教授测算，未来25年，该大楼可节约448.9吨煤和减少1081.8吨碳排放。

“零排放建筑”的设计思路和技术具有示范效应。在北京市拟建的零排放大楼中，屋顶、外立面墙甚至楼外绿地将遍布太阳能电池板，在楼间还会示范建风力发电设备，以保证大楼内照明等基本用电可以自给自足。大楼冬季采暖和夏季制冷全部通过地源热泵实现。为充分利用太阳能，零排放大楼初步选址在较为空旷、无高楼遮挡的丽泽金融开发区，较为显著的交通位置有利于发挥其绿色能效示范效应。

“零排放建筑”代表了未来建筑业的发展方向——低能耗、高效益。目前，“零排放建筑”的发展正处于起步阶段。一般测算“零排放建筑”的资金投入是普通建筑的1.5倍左右。以零排放住宅为例，万科董事长王石曾坦言，当前环保产业尚处于培养市场阶段，仅靠企业自觉实现是不够的。环保产业与中国企业的理性发展之路还需要国家政策的保驾护航，采取减少税收、降低贷款利率等措施。

低碳工业化住宅

低碳工业化住宅是在减少二氧化碳排放的基础上，采用现代化的科学技术手段，以先进的、集中的大工业生产方式代替过去分散的、落后的手工业生产方式建造的住宅。工业化住宅的标志是住宅建筑设计标准化，构件生产工厂化、施工机械化和组织管理科学化。

实质上，低碳工业化住宅是用工业化生产的方式来建造住宅，是机械化程度不高和粗放式生产的生产方式升级换代的必然要求，以提高住宅生产的劳动生产率。工业化的建造方式能够显著降低建造过程中的能耗、水耗和材料的消耗，仅能耗一项就比传统施工方式降低20%～30%。而且工业化的建造方式还能够显著降低施工方式带来的环境污染，提高住宅的整体质量，降低成本，降低物耗、能耗，从而达到清洁建设，减少二氧化碳排放的目标。

低碳工业化住宅在我国尚处于起步阶段，万科地产以绿色节能为理念走在了前面。万科地产在低碳发展、节能减排和绿色建筑的研究与实践，部分体现在推进工业化住宅和精装修方面。万科研究和实践工业化住宅，以实际项目为原型建立试验楼，并最终推广至实际的工程项目，同时，万科积极与政府沟通，强调工业化住宅和精装修工法对节能减排的重要性。通过与各大知名科研院校合作，增强产品的进一步减排潜力。

万科先后在上海、深圳、北京等区域开始工业化项目的实际操作。上海万科新里程20、21号楼总建筑面积1.4万平方米，是万科首个工厂化住宅项目，标志着万科的住宅工业化已经告别了纯实验阶段。该项目整合了上下游产业链，包括规划、设计、施工、安装、部品及监理等环节在内的50多个核心合作伙伴，涉及各种标准200多个。2007年对项目进行了建筑能效评估，与未采取节能措施的住宅建筑相比，在正常居住使用过程中，全年可以节电63.8万千瓦时，折合标准煤233.5吨，减少二氧化碳排放684吨，节能率超过60%。

房地产开发商可谓建筑产业群的整合核心，像万科这样的开发商具有很强的影响力，他有能力带动更多的合作伙伴承担社会责任，在实践过程中整合上下游产业链，以整个产业链的力量实现建筑行业的节能减排。

绿色建筑以其良好的经济效益、社会效益和环境效应正在逐渐得到社会各界的认可，已经成为城市可持续发展的动力和方向。然而，这并不等于说绿

色建筑就没有问题、通行无阻了。事实上，随着节能建筑热潮愈演愈烈，很多专家已经对绿色建筑提出了质疑。《新闻周刊》2008年9月刊登了一篇名为《绿色建筑的坏消息》的文章。建筑评论家用“绿色豪宅”一词点出目前绿色建筑面临的三大问题，即占地多、造价高、设计局限。对太阳能的充分利用使绿色建筑通常占地面积比一般建筑要多，大量使用新型环保材料，让绿色建筑的身价比一般建筑要高出许多，此外，由于建筑物的寿命周期很长，诸如太阳能电池板等高科技设备的使用年限也成为绿色建筑发展的瓶颈，这些设备若提前报废，那绿色建筑将骤然变成能耗大户。

对于上面提到的问题，比如占地多，专家表示，随着环保技术的革新，300平方米的太阳能光板在不久的将来可能会变成150平方米，甚至缩小到能够安装在大楼内部，绿色建筑占地多的缺点终将消失。但是，造价高和设计局限的问题恐怕在相当长的时间内将是推广的主要障碍。必须认识到，现有的一些零排放建筑只是综合科技的展示品，主要作用是宣传示范效应，但是绝非各地简单复制的样本。单纯追求炫目夺人的外观设计和高科技的应用，将无法满足中国建筑节能化的普遍需要。真正的建筑节能并不只是简单地安装一些所谓的节能设备，而是必须追求真正能把实际能源消耗量减

绿色建筑

下来。

其实，古时候中国人在建筑上有很多智慧：做饭的炉灶通向火炕，基本可以解决冬季采暖的问题。其次是把住宅的朝向设计好，一年中只需开关门窗，就可以解决人的热舒适问题。传统的民居建筑，在全年的大部分时间里，是不需要采暖或者空调的。建筑能耗自然降低，建筑物二氧化碳排放量就会减少。

这对应的是建筑行业碳减排的两个基本问题。第一，减少建筑物建造过程中的碳排放。如果建造是就地取材，特别是选取不用烧制的材料，就能减少能源使用，减少二氧化碳排放。因为生产1吨水泥，几乎要排1吨二氧化碳。如果在建造过程中，使用的是可再生甚至可循环的材料，比如说木材，就可以大大节约能源、减少碳排放。第二，建筑物运行过程中的碳排放。现在城市住宅的寿命为70年，甚至100年。在建筑物的寿命期内，单位时间内运行能耗的高低决定着二氧化碳的排放量。一般来讲，建筑物采暖用能的目标值较低。比方说室外气温是32℃，而室温28℃就比较舒服了，因而不需要电、煤和天然气等高品位能量。考虑好建筑空间设计的问题就能把运行能耗降下来。

中国工程院院士、清华大学建筑学院副院长江亿教授说得好，推广节能，我国城市建筑不可能依靠大量的太阳能发电、风力发电、生物质能发电来解决建筑用能，而是要靠合理的建筑设计、用能系统设计、正确的运行管理方法和使用者的节能理念与节能的生活方式来实现真正的节能。时代行进到高科技和现代化的今天，我们肯定比古代人更有智慧从绿色建筑开始营造低碳人居。

五、低碳城市的美丽蓝图

在低碳城市发展中，城市规划作为先期设计后期引导的“城市版图”是极其重要的一环。所谓城市规划，就是通过预测城市发展并管理各项资源以适应其发展的具体方法或过程，其目的更好地指导已建环境的设计与开发。传统上，城市规划较多注意的是城市地区的实体特征。而现代城市规划则试图研究各种经济、社会和环境因素对土地使用模式的变化所产生的影响，并制定出能反映这种连续相互作用的规划。在低碳城市发展战略中，城市生态环境建设、低碳社区建设、低碳城市交通体系等都需要在城市规划中予以体现。

低碳城市概念图

城市规划通常包括总体规划和详细规划两个阶段。城市的总体规划是一种综合性的城市规划，它是确定一个城市的性质、规模、发展方向以及制订城市中各类建设总体布局的全面环境安排的城市规划。而城市详细规划就是指为实施城市总体规划而提出具体规划要求的地区性规划。在规划阶段，低碳城市应当以最大限度地减少碳排放作为设计原则与标准。具体包含很多内容，诸如绿色建筑、零排放交通等等。

纽约、伦敦、东京、新加坡和悉尼等国际大都市，都有自己的城市发展战略规划。

纽约号称“世界的中心”，是联邦政府的重要经济支柱，但与此同时，也存在居民住房、办公和交通容量有限的问题。为了使城市能够高效运转，保持一个高品位的生活环境，纽约市的城市规划体现出很多特点：

(1)积聚式发展。为了能够使城市容纳更多的人口，纽约采取了许多措施：强化聚集发展，更加充分利用城市的可利用空间(除绿化用地外)，促使有限的城市中心区空间能够容纳更大比例的人口等。纽约的“中心区运动”是一种降低城市中心区人口居住压力的解决方法。当地政府担心土地开发商由于不拥有土地的支配权而进行资产转移，因此考虑把开发权由政府初步转移到开发商手中以扫除顾虑，以促进城市中心区的空置土地得到更为有效的开发。

(2)便捷的公共交通。纽约还强调保证新建房产接近公共交通、工作地和服务供应点，以减少人们上下班、娱乐等活动对交通设施的压力。并采取相应措施促进交通节点，特别是轨道交通节点的建设。纽约还建议推广远程办公(在家通过使用与工作单位联接的计算机终端工作)，有利于减轻城市交通拥挤。

(3)建立中央商务区。在经济方面，纽约认为CBD(中央商务区Central Business District)的健康发展是地区财富的基础，是经济发展的推动器，是吸引经济要素聚集的巨大磁场。此外，为使城市更富有人性化，通过加强交通网络的建设增强CBD的实力是中心区运动的关键。

(4)绿化建设。19世纪中期弗雷德里克提出关于“中央公园”的预想，纽约因此成为第一个在高速发展的大都市建设“绿色公园”的城市，它的建设目标不仅是为了给公众提供一个富有环境活力的开放式空间，更重要的是实现保护和恢复自然生态系统，兴起“绿色草皮运动”，重新投资城市公园、公共场地、自然资源和创造一个区域性的绿色通道网络等。

国外大城市的规划经验颇有借鉴价值。虽然北京、上海和广州等大城市的发展背景、阶段不同，但很多共通的东西值得仔细思考。

引用温总理的一句话就是：“城市规划是一项全局性、综合性、战略性的工作，涉及政治、经济、文化和社会生活等各个领域，制定好城市规划，要按照现代化建设的总体要求，立足当前，面向未来，统筹兼顾，综合布局。”

 六、打造美丽的低碳乡村

今天，低碳正逐渐成为我们生活的一项原则：不仅仅是经济发展的理念，也应该是生活方式的标准；不只存在于城市，也应体现在乡村发展规划中。新农村建设和国家支农力度逐年加大，伴随乡村建设的日新月异和农村工业的兴起，创建新型乡村发展模式，将是营造富饶优美乡村的必由之路，而低碳化发展正体现了两者的结合。

低碳乡村，是在提高农村生活水平的基础上，通过科学规划和有效实施，最大限度地降低碳排放，促进乡村经济健康可持续增长。从乡村发展的各个方面，包括经济模式、能源使用、农业种植，生产消费以及村民生

活方式等出发，综合考虑经济与人口、资源及环境因素，构建低碳化发展轨道的循环体。

恩格斯说过，“没有哪一次巨大的历史灾难不是以历史的进步为补偿的”。也许我们无法回避灾难，但可以选择如何面对灾难，选择我们的生活方式，这是生者的勇气将人类无数次的劫难砌入文明演进的长河。

2008年5月12日，是中国人需要铭记的日子，一场突如其来的灾难让我们失去了亲人和朋友，汶川的5月，满目伤情。

地震前秀美的都江堰

令人印象深刻的是，当时救援工作难以推进，伤亡和财产损失重大。这不能不从当地散居散养的居住方式说起。

汶川县位于四川省西北部、阿坝州境东南部的岷江两岸，是阿坝州的南大门，有“川西锁钥”和“西羌门户”之称。汶川县是羌、藏、回、汉各族人民相交汇融合的地带。羌族主要居住在县北部的威州、绵虒地区；藏族多聚居在岷江以西地带；汉族主要分布在南部漩口、映秀地区；其他民族散居各乡镇。由于汶川地处山地，加上家族传统的影响，形成了当地少数民族散居的居住方式。一家人通常不在一起居住，而是分散居住

在不同的乡镇。汶川县在发展农业的同时，也发展养殖业，鼓励农民饲养家禽。但由于地理环境的限制，大多数养殖业以散养家禽为主，即各家自己饲养，没有统一的养殖场。因此，散居散养是汶川当地生活的主流。这种方式的优势在于，对山地环境的适应性很强，有些随遇而安的味道。山地环境地势不平整，不可能有大面积的平缓地面供当地人建立村庄、养殖场，形成聚居。

但是，散居散养的生活方式也存在很大的缺点。首先，生活成本及能源消耗相对于集中居住更大。在集中居住的方式下，资源供给相对集中，规模效应明显，降低供给成本。而在散居散养的居住方式下，要保证大多数人有水吃、有电用，势必造成高昂的基础设施建设成本，而且由于居住分散，资源在运输过程中也会有风险，使原本资源短缺的情况不断恶化。其次，散居散养对环境的破坏程度相对于集中居住方式更大。人类一旦居住在某个区域，就需要建造房屋、开垦农田、饲养家禽等，都会以牺牲区域内的森林植被为代价，而散居散养更会使这种破坏扩大化，植被破坏的面积会更大。如此导致的结果——首先该区域的气候会发生变化。因为植被覆盖就像是陆地的“过滤器”一样，能够吸碳换氧，调节气候。再次，植被覆盖能有效“抓住”土壤，尤其在山地地区，对防止山体滑坡、泥石流有重要作用。汶川大地震中，有相当大一部分的损害是由于地震引起的山体滑坡、泥石流所造成的。由于人们居住分散，这些灾害在很大程度上妨碍了灾后的救援工作，救援线过长，耽误了时机，加重了地震灾害的损失。从这个角度来看，散居散养这种落后的生活方式加大了汶川地震所造成的人员和财产损失。

中国是人口众多、生态环境脆弱的发展中大国，尤其在农村，资源和环境承载力十分有限。发展农业和农村经济，不能以消耗农业资源、牺牲农业环境为代价。推广沼气开发，既是一项促进农业增效、农民增收的富民工程，也是一项推动低碳乡村经济可持续发展的生态工程，更是一项改善农民居住环境、提高生活质量的文明工程。

沼气是什么？一般来讲，就是各种有机物质在隔绝空气和适宜的温度和湿度条件下，经过微生物的发酵作用产生的一种可燃烧气体。甲烷(CH_4)是沼气的主要成分，它是一种清洁燃料，无色无味，每立方米纯甲烷的发热量为34000千焦，每立方米沼气的发热量约为20800～23600千焦。即1立方米沼气完全燃烧后，能产生相当于0.7千克无烟煤提供的热量。“点灯不用电，做饭不用柴和炭，烟熏火燎看不见，文明卫生真方便……”这种乡下人都向往的日子，通过对沼气的利用已成为现实。

农民的切身感受最有说服力。杨陵区大寨乡陈沟村陈圈世在记者采

沼气池

访时说，一口沼气池就是一个“钱罐罐”：后院建的那口8立方米的沼气池，1990年建造时花费不到1000元，而10年来节省资金达6000元，间接创造的价值没法计算。就2008年，节省煤钱和电费400元，减少化肥和农药使用量节支250元，用沼液种植的大棚菜收入5000元。他还打算在大棚边建一个沼气池，集养牛、沼气、大棚栽培甜瓜为一体，年创收预计不下1万元。

沼气在乡村的用途已经远不止此，它正在由生活能源向乡村产业能源应用的方向发展。

云南省红河哈尼族彝族自治州弥勒县新哨镇路体村一片新景象：半山腰，一个沼气发酵池正在修建中。山坡上，几十座烤房已略具雏形。山脚下是一个小村子，村子周围是大片的葡萄园……三个月后，这里将建起一座沼气烟叶烘烤工场。红河州烟草专卖局技术中心烘烤处主任徐鸿飞这样描绘，“半山腰将建一个万头生猪养殖场，这些猪的粪便作为沼气的原料将被排到下面的沼气发酵池里。发酵后产生的沼气将用做燃

软体沼气发酵池

料输送至山坡上的烤房，用来烤烟，而产生的沼液和沼渣则被作为肥料送到附近的烟田和葡萄园里。”好一幅“沼气烘烤”工程的蓝图！

用沼气做饭、发电照明已经不是新闻，但是以沼气为燃料烤烟目前在国内尚不多见。这样的奇思妙想对沼气利用颇具意义。事实上，沼气除直接燃烧用于炊事、烘干农副产品、供暖、照明和气焊等外，还可作内燃机的燃料以及生产甲醇、福尔马林、四氯化碳等化工原料。经沼气装置发酵后排出的料液和沉渣，含有较丰富的营养物质，可用做肥料和饲料。

更有意思的是，利用沼气减排的二氧化碳还能卖钱！沼气项目，是《京都议定书》下清洁发展机制(CDM)的重要项目来源之一。沼气作为一种清洁能源，相比于传统乡村柴薪能源大大减少了二氧化碳的排放，由此产生的碳减排额度按照相关方法开发和核证后，有可能成为核证减排额(CER)和自愿减排额(VER)，并通过碳交易的方式获利。通过CDM项目合作，农村取得必要的资金和技术，同时也实现了减排和可持续的能源利用，可谓一举多得。根据UNFCCC的数据，截至2009年10月19日，在联合国注册的CDM项目中，以沼气为代表的农业能源项目达到123个，占整个能源项目的5.4%。国家发改委网站上显示，广州珠江啤酒集团有限公司沼气回收综合利用等项目已经获得批准，眼下正向联合国申报CDM项目。据估计，该项目投产以后，每年可以减少排放二氧化碳当量约3.5万吨左右，具有积极的经济、社会和环境效益。

我国近年来不断加大对沼气资源的开发和利用。近6年来，中央累计投入资金190亿元支持农村沼气建设，成效显著。截至2008年年底，全国农村用沼气达到3050万户，各类农业废弃物处理沼气工程3.95万处(大

中型养殖场沼气工程2700处)，乡村沼气服务网点7万个。3050万户用沼气和养殖场沼气工程年生产沼气约122亿立方米，生产沼肥(沼渣、沼液)约3.85亿吨，相当于替代1850万吨标准煤，减少排放二氧化碳4500多万吨，节能减排、节支增收效果十分明显，替代薪柴相当于1.1亿亩林地的年蓄积量，年可为农户直接增收节支150亿元。

我国要加大农村沼气能源建设，把沼气建设与解决畜牧业粪尿治污、农民生活用能、发展循环农业结合起来，因地制宜种植农作物，有效利用养殖业带来的剩余物和排放物，从而走上循环农业“零排放”的新路。

 七、享受绿地的乐趣

绿地是大自然的外衣，对于每个人来说意义重大，它是地球的天然制氧机与天然吸尘器。

一亩阔叶林一天可以吸收二氧化碳67千克、释放出氧气约49千克，同等面积的草坪一天可吸收二氧化碳60千克、释放氧气40千克，成年人每天的呼吸次数2万多次，吸入的空气总量为15～20立方米，所消耗的氧气量约0.75千克，理论上人均拥有10平方米林地或13平方米草坪，才能满足新鲜氧气的交换需求，但在城市环境下二氧化碳含量比郊外高得多，实际上需要更多的绿地才能满足这一要求。

据相关资料显示，每立方米空气中的含菌量，在火车站为4.9万个，在植物园草坪仅为688个，百货大楼内比林区高7万多倍，绿化不好的街道比绿化较好的街道高5倍，还含有球菌、杆菌和丝状菌等上百种

细菌、病毒。

天然制氧机

植物可以杀灭空气中的病菌，吸纳污染物。有300多种植物在生长过程中会分泌出挥发性的杀菌素，一棵松树一昼夜能分泌出杀菌素2千克，15亩桧柏一昼夜能分泌出杀菌素30千克，可将落在树上面、飘浮于树冠空气中的细菌和白喉、结核和痢疾等病菌杀灭，阻止它们继续危害人类。一亩柳杉林每月约可吸收二氧化硫4千克，一亩刺槐林和银桦林每年可吸收氯气2.8千克和氟化物0.8千克。

粉尘在空气中长时间飘浮会降低大气能见度，给社会和人们的日常生活造成极大的不便和危害。植被像一部威力无比的吸尘器，有着吸收、过滤和阻挡粉尘的作用。分布在地表的树木、花草和农作物高低错落、枝叶茂密，可有效地减小地面风速，使大颗粒粉尘沉降到地面。植物的茎、叶所分泌的油脂和浆液，可吸附和滞留空气中飘浮的微小尘粒，一棵成年的白皮松大约拥有针叶660万个，一棵成年椴树的叶总面积30000平方米以上，一棵165年的松树针叶的总长度可达250公里，这些毛状结构的叶面积对尘埃吸附作用很大，一亩松林年可滞尘约2.3吨，一亩天然植被的年吸尘量高达60多吨，针叶林的吸尘能力比阔叶林高20~30倍。

植物群落能吸收和阻隔噪声。植物的茎叶表面粗糙、凹凸不平，有大量微小气孔和密密麻麻的绒毛，像吸声板和地毯吸声材料一样能够将一部分声能吸收掉，其杂乱无章的叶片可增加噪声的反射、折射和散射，使声波衰减。1.5千克TNT炸药的爆炸裸露地带能传播4公里，而在森林中只能传播40米。一道10米宽的林带能衰减噪声30%，公园成片的绿地可降低噪声26～43分贝，绿化的街道比没有绿化的街道能减少噪声10～20分贝，沿街房屋与街道之间留有5～7米宽绿化林带，可以减低机动车噪声15～25分贝。25平方米草坪能衰减噪声2分贝。

保护植被

空调的主要作用是调节室内温度和风量，植被对小气候不但有与空调类似的调温、调风的功能，还具有空调所不具备的调湿功能。森林昼凉夜暖、冬暖夏凉，具有极好的保温与降温的双重功效。林木的枝叶可以吸收或蒸发大量水分，在蒸腾过程中吸收周围空气中的热量，可以起到吸热降温和保湿的作用，反之则起到升温和去湿作用。枝叶茂盛的植物可遮挡、减阳光对地面的直射和增加反射，像一把大伞起到庇荫作用。绿化地区的气温比无绿化地区的气温低8～10摄氏度，相对湿度高11%～13%，树荫下的温度比街道和建筑物最多可低16摄氏度。植物的降温增湿作用可使周围空气流动而产生微风，人们在林地、公园的树荫下自然会感到凉爽惬意。

空气中的氧气含量主要依靠植物进行光合作用来补充和调节，没有氧气生物体的吐故纳新就无法完成，生产、生活中释放出来的二氧化碳等有害气体便无法得到净化。植被是大自然的制氧工厂，森林是最好的“天然氧吧”，全球绿色植物每年放出的氧气总量为1000多亿吨。林区空气中的负氧离子浓度通常为每立方厘米1万～2万个，而在城区居室内数量只有40～50个。一定浓度的负氧离子对机体具有良好的保健作用。

清晨在丛林和原野中漫步，沐浴在清新鲜爽的空气中会令人心旷神怡、精力倍增，不能不说是件非常惬意的事情。这种被称为“空气浴”的运动是一种增强体质、防病健身的有效方法，受到越来越多人的喜爱。在“空气浴”中首推“森林浴”，森林中散发着许多被誉为“大气维生素”的空气负离子，置身于其中令人顿感头脑清醒、气定神闲，可改善植物神经、心血管功能，消除疲劳、振奋精神，促进新陈代谢、增强免疫力，对高血压、神经衰弱、心脏病、肺病和流感有一定辅助疗效。烧伤患者在手术后多接触空气负离子，对创面的尽快愈合很有帮助。人体裸露时引起寒冷的临界点为28摄氏度左右，低温对皮肤的刺激作用，可有力地促进体温调节中枢的运动，有利于皮肤血管收缩，促进新陈代谢，使人精力旺盛，温度在安全范围内越低对皮肤的刺激作用越大，锻炼的效果也就越明显。“空气浴”如与“冷水浴”、“日光浴”相

结合效果更佳。

近年来还兴起了“空气浴”的“高山疗法”，通常在海拔1500～3000米的高地进行。由于山高林密、空气更新鲜、环境更寂静，比在低海拔地带进行“空气浴”的效果更胜一筹。山高气爽的幽静环境使人阳气内敛、固本清源、心绪安稳、气血和畅。林木茂盛、万物繁荣使人情趣盎然，倍增生机与活力；和煦充足的阳光和清新的空气，有利于稳固精气、颐养元气。置身山峦之巅俯瞰大地，令人胸襟开阔、浮想联翩，会产生超凡脱俗的人生快感。

许多国家为了改善城市生态环境，创造自然美的享受和朝气蓬勃的生活气息，特别重视城区草坪绿化。有不少都市都以草坪唱主角，形成“草原牧歌”式的独特风景线。草坪给人们带来舒适宁静的绿色空间，也为城市营造了文明和优美的环境。

草坪能给人以清新、凉爽和愉悦的感受，为人们提供一种洁净、安宁的生活环境和工作环境。绿茵芳草有可以净化空气、阻滞灰尘等功能。草坪是消除二氧化碳的能手，成人每小时呼出的二氧化碳约38克，繁茂的草坪一平方米每小时可吸纳二氧化碳1.5克，26平方米草坪才能把1个人1小时呼出的二氧化碳吸收掉。

草坪的消声降噪能力很好，250平方米草坪可比同面积石板路面降低噪声10分贝。

草坪还能蒸发土壤中水分，调节大气的温度和湿度，在夏季可降低气温3℃～3.5℃，在冬季能提高气温6℃～6.5℃。草坪上空的气温比建筑物周围温度低10℃～15℃。在我国某火炉城市的夏季，沥青路面的地表温度达55℃，裸露土壤的地表温度达40℃，而草坪的地表温度仅为32℃。

八、别把垃圾留给大自然

大自然所赐予的绚烂风光和田园美景，令人赏心悦目而流连忘返。野餐是人类亲近大自然的方式之一，可经常有人在野餐后丢下一堆堆垃圾，真是大煞风景。

如果您想要野(炊)餐的话，请您和随行人员先弄明白所到之处是否允许野餐(炊)，没有禁令野餐(炊)应该没有什么问题。野(炊)餐后请自觉将垃圾装袋带到指定地点投放。如果附近没有垃圾箱，不要因为没人监督就放纵自己，千万不要就地丢弃或抛撒野(炊)餐垃圾。如果点篝火烤肉，必须要等火星熄灭了以后再离开，以免引起火灾毁坏林木。一定别忘记，不属于大自然的东西请勿留下，属于大自然的东西请勿带走。

踏春烧烤后不要忘记保护环境

2007年，全球所用掉的塑料袋达1.2万亿只，按照时间平均数估算，一只塑料袋从出生到被扔掉只有短短的12～20分钟。由于人类乱丢塑料垃圾，以至在北太平洋形成了面积为343万平方千米，中心最厚处达30米的“新大陆”，已然成了海洋生物的“死亡之地”。这块“新大陆”重约1350万吨，面积相当于6个法国，露出海面的部分还在持续增

长，而且越来越坚实，其面积在过去的10年里增加了2倍，预计到2030年还会增加9倍。由于它一直在缓慢地旋转，人们根本无法在上面站稳，因此至今还是一块未被开垦的“处女地”。在这一海域平均每平方千米漂有330万件塑料垃圾，它们被人类抛弃却被大自然保存起来，借着洋流的帮助找到了暂时的栖息之地。在这块“新大陆”上面出现了大量闪闪发亮的“沙子”，可那只不过是一些被阳光和海风分解的塑料颗粒而已，虽然它们看上去更像海鸟们的食物，可在这些小生灵吃了这样的“沙子”后就会死掉。

塑料是人类制造的最稳定材料之一，即使被分解成看上去如同水中浮游生物的小块，而鱼类和海鸟等海洋动物恰是吃了过多的这些“美人鱼眼泪”，导致消化不良而死亡。更可怕的是塑料垃圾会像海绵吸水一样吸收碳氢化合物、杀虫剂等化学毒素，再辗转进入动物体内，最终通过食物链扩大到整个生物圈。目前，已有267种海洋生物受到了塑料垃圾的危害，平均每年造成10万只海龟死亡。也许明天出现在餐桌上的大鱼大虾，就是海洋中的塑料垃圾所带来危害的另一种表现形式。

第四章

低碳新主张，让世界更精彩

一、远离电磁波的危害

电子雾又称电磁辐射，凡用电器都会释放出不同程度的电磁辐射。由于电磁波看不见、听不见又摸不着，因此被称为“隐形杀手”、“可怕的电磁弹”和“恐怖的幽灵电波”。日常使用的电脑、电视和其他办公电子设备都会或多或少地释放电子雾。国际上已将电子雾列为第五大公害，仅次于大气污染、水污染、固体废弃物污染和噪声污染。

各种光线、射线都是长波、短波、超短波、微波等波长不同的电磁波，波长越短对人体危害越大。电子雾一般是指波长在1～1000毫米、频率在300～30万兆赫的电磁波所造成的环境污染。人们对电子雾可能对健康产生危害的担心却由来已久，早在20世纪50年代就有人怀疑电场会诱发呼吸类疾病。随着电子产品成倍增长，人们接触电子烟雾的机会越来越多，国外多项最新的实验结果表明，电子烟雾可能会诱发哮喘、流行性感冒和其他疾病，为电子烟雾是否有害、能否会诱发呼吸道疾病的长期争论提供了新的证据。

家居的电磁环境

医院检查和监测仪器、移动通信设备等电子仪器设备，在运行时都存在电磁辐射。电脑、打印机、监视器、手机和灯具产生的电场比较微弱，但也可将病毒、细菌、过敏源等微小粒子散播到空气中，这些微小粒子只相当于人类头发直径的八十分之一，能够通过空气传播附着于肺部、呼吸道内壁。典型的办公室电磁场监测图表明，电磁场对空气的影响很大，氧分子能够杀灭有害细菌，而电子烟雾恰恰降低了空气中氧分子浓度，使皮肤、肺富集的有毒物增加，来自污染物感染的危险也随之增大。合成材料衣物会释放静电，着装这种衣物的病人或医生每天被电子仪器所包围，对健康的不良影响会进一步加剧。

据相关资料显示，电磁波会扰乱人体的自然生长节律，长期处于大强度的电磁辐射环境中，会出现头晕、恶心、记忆力减退，对血液、淋巴系统有一定影响，人体的循环、免疫、热调节系统、植物神经和代谢功能发生紊乱，导致头痛、失眠、健忘等神经衰弱、心率加快或过缓、呼吸障碍等症状，还会诱发白内障和眼角膜伤害，并加速体内癌细胞的增长速度。

长期操作电子设备会产生头痛等不良反应。经常接触过量的强电磁辐射，诱发心血管疾病、糖尿病的可能性大为增加，甚至会伤害神经系统、免疫系统和生殖系统，视力下降、男性性功能和女性生理性内分泌异常，特别是影响儿童身体、骨骼发育和造血功能。居住在距离高压线200米范围内的儿童比居住在600米范围外的，患白血病的危险高69%。长期在高压线附近工作的人，其体内癌细胞的增长速度比一般人快24倍。

为降低电磁辐射给健康带来的伤害，在办公等场所或家里可采取减少使用合成化纤材料日用品等简单方法，进行必要的防范。在使用电器特别是笔记本电脑时，一定要采取接地措施。

电磁辐射是一种无处不在无法避免的物理现象，人体本身也存在着天然的电磁辐射源，所以，认清哪些日常生活中的电磁辐射是对人体有害的对我们来说至关重要。对于生活在现代城市中的人来说，形形色色的家用电器在为我们带来生活便捷的同时也在隐蔽地对我们的健康构成威胁。我们或许无法抛开它们不用，但我们可以尽量地少使用它们，在有时间的时候，暂时抛开这种由各种电器构成的“现代生活”，到山清水秀远离都市喧闹的大自然中去体验另一种生活方式，也是一种不错的选择。

电磁辐射是一种无时无刻不存在的现象，它是一种复合的电磁波，由在空间中共同移动的电能量和磁能量组成。电磁辐射可以说是无处不在的，从自然界中的闪电到我们平常使用的收音机，都是电磁辐射产生的来源。电磁辐射能量的大小由电磁波的频率高低所决定，频率越高，能量越大。高频率电磁辐射的一个典型例子就是X光，这是一种能破坏人体组织分子的电磁辐射，有医学常识的人都知道，如果受到X光辐射过多会极大地损害人体健康。

电磁辐射在一定强度下会对人的健康造成严重伤害，这点已经得到了现代医学研究的证明。电磁辐射对人体的伤害可分为热效应和非热效应两种。所谓热效应是指人体细胞的分子在电磁场作用下加速运动，导致体温升高，使人产生神经系统功能紊乱，出现失眠、头晕等症状。非热效应的电磁辐射伤害虽然程度稍轻，但也会让人出现头晕乏力、记忆力减退等症状。临床医学证实，常活动在高压线等强电磁辐射源附近的人，患白血病或其他癌症的几率远远高于其他人群。长期靠近强电磁辐射源，会直接导致孕妇流产、胎儿畸形等严重后果。

高压线、变电站、电台或电视台的发射塔以及X光机等属于我们常见

的强电磁辐射源。所以这些设施应该远离人们的生活区域，平时也应该避免接近这些设施，对相关行业的工作人员来说，工作时应穿上专业的防护服。

不仅仅是高强度的电磁辐射对人体健康造成伤害，在一些我们看来似乎可以忽略不计的低电磁辐射源的周围，其实也潜藏着我们难以想象的危险因素。就拿我们日常使用的一些小电器来说吧，电热毯和电吹风的电磁辐射强度对人体可能造成的危害其实仅次于X光照射，此外，电脑主机和显示器以及手机，都是我们身边潜在的健康杀手。尽管对于一些家用电器产生的电磁辐射对人体健康的影响尚无明确的数据说明，但在日常生活中尽量减少电磁辐射的强度，无疑是维系健康所必须要采取的措施。

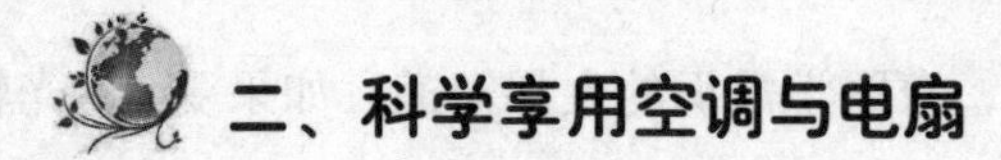

二、科学享用空调与电扇

在炎炎夏季和寒冷冬季，空调、电扇给工作、家居带来了便利和舒适，然而使用不当也容易导致空调病和电扇病。

凡是与空调有关或空调引起的相关疾病，统称为“空调适应不全综合征”或“冷房病”，通俗称谓叫“空调病”。空调病主要表现为肢体麻木、皮肤干燥、食欲不振、精神萎靡、头晕、健忘和感冒等不适症状，甚至诱发支气管哮喘、急性肠炎。

诱发空调病的主要因素，一是室内外温差过大，空调又无法调节室内空气的湿度；二是因门窗紧闭使室内外空气交换受阻而导致空气质量下降。一般空调没有吸入室外空气的功能，完全以内循环的方式运行，室内过量的碳酸气排不出去，二氧化碳含量又不断增加，使室内空气中的氧气量降低，室内空气不新鲜会使人出现轻微的缺氧症状。据有关资料显示，中央空调系统能滋生军团菌，在普通空调中也有滋生这种菌的可能，长期接触这种嗜肺菌很容易染病，轻者出现乏力、嗜睡、发热等流感样症状；重者则可导致肺部感染等多脏器损害。

避免空调病最简单的方法是每天打开门窗通风换气，定期对空调进行清洗和保养，减少细菌和其他微生物的滋生和污染。此外，如空调超过12个月不清洗会增加电耗10%～20%。

吹电扇风过久会诱发电扇病。电扇病主要表现为肩痛、头痛、全身无力、打喷嚏和流鼻涕等症状，严重的还会导致失眠，甚至诱发中风。日常在使用电扇时，一是不要直接对着身体吹风，二是每次吹风的时间不宜过长，三是要选择模拟自然风。

三、多利用自然光

对黑暗的恐惧是人类的天性。从原始人点燃第一堆篝火开始，千万年以来人类采取了各种各样的方法来尽量缩短自己处于黑暗中的时间，蜡烛、油灯、电灯、手电筒都是人类用于替代阳光的发明。进入工业文明之后，特别是随着电能在照明方面的广泛运用，人类终于找到了一种最为强有力的光源，使自己的生活可以远离那种让人不安的黑暗。

我们这里所说的自然光，是指大自然中的发光源发出的光线，如太阳光、月光、星光等等。跟人类关系最密切的自然光就是我们片刻不能离开

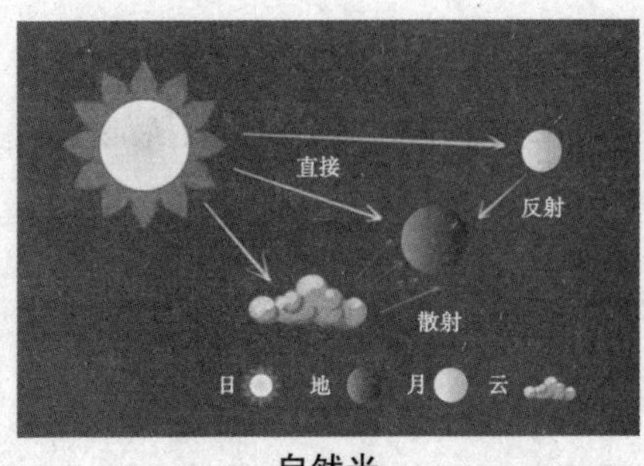

自然光

的太阳光了。关于太阳对于地球上所有生命的意义，已经是一个毋庸置疑的尝试。地球围绕着太阳的运动为我们带来了白天与黑夜的区分，也决定了人基本的生活方式，我们总是在白天劳作，夜晚休息，这是大自然的节拍。自然光或者阳光是最重要的光源，没有它，万物都将归于死寂。同时，对于习惯在光明之中生活的人类而言，自然光无疑是所有光源中最好的一种。

首先，自然光是取之不尽用之不竭的，不会带来任何的耗费和污染。其次，从生理学的角度来说，在自然光下人的生理机能最为适宜，不管是工作还是学习，效率都比在人造光源下要高，感觉的舒适度也更高。

对自然光的充分利用可以有多种方式，有些就是举手之劳，只需稍微改变一下我们的生活习惯，比如在天黑之前尽量不拉上窗帘，又如在天气许可的条件下，晚饭后到外面去散散步，既运动锻炼了身体又减少了电灯的使用。有一些公共场所如教室等采取定时开关灯的方式，不管日照条件如何，一到时间就开灯，造成电能不必要的浪费，所以应该采取更为灵活的方式，在自然光能满足需要的前提下尽量减少开灯的时间，在灯的数量上也应该本着够用的原则，不过多安装灯泡，减少浪费。在日常生活中养成随手关灯的习惯也很重要。

在房屋的设计上，也可以通过更好的布局来解决室内的采光问题。对于一些因客观条件限制不得不在白天开灯照明的建筑，目前已经有一种光导照明技术可以通过对自然光的重新引导、分配来取代电灯，解决照明问题。这种照明系统通过采光罩来采集自然光，然后由光导管对采集到的光线进行传输和强化，再通过漫射装置把光线传输到需要照明的地方。

四、无噪音的幸福生活

世界上的声音千千万万种，有的我们听起来很悦耳动听，比如百灵鸟的叫声、钢琴弹奏的音乐，这些都是乐音；有的则让我们听了之后觉得不那么舒服，比如晚上嗡嗡的车流声、工地上施工时的声音等等，这些都是噪音。这些声音一旦长期出现，我们生活在其中就会感觉到很难受，吃饭睡觉都可能受到干扰，导致我们精神状态不佳。为什么噪音会使我们这样?噪音来自于哪儿?我们怎么来对付噪音对我们的侵害呢?

在我们生活的城市当中，噪音无处不在：我们在过马路时会听到嗡嗡的车流声，我们夏天在家里时会听到各种各样的电器发出的噪音，甚至在草地上我们抬头向上看时也可能正好能听到飞机飞行时发出的巨大噪音。

总体说来，城市的噪音主要来自于下面的四个方面：

交通工具产生的噪音　汽车、摩托车、火车、轮船、飞机甚至自行车，它们在运行的时候多多少少会发出噪音。而且这些噪音会跑来跑去，像一只抓不到的兔子一样，你到处都能听到它的声音。

车流噪音

工业生产造成的噪音　我们吃

的、穿的和用的都是工厂里生产出来的产品，在生产这些东西的时候，就会产生很大的噪音。

施工工地的噪音　在盖那些高楼的时候，工人们要用机器打地基、灌水泥、垒砖头等等，那些机器在运行的时候会发出很大的声响。这些声响在我们听来很刺耳，所以就叫作施工噪音。

日常生活噪音　我们在买东西、玩耍、吃饭、甚至看电视、玩电脑的时候都可能产生噪音。因为这些声音可能会对别人产生不好的影响，尤其是在晚上夜深人静的时候。

那些难听的、令人感到厌烦的噪声让我们的生活受到干扰，所以，我们在和别人相处的时候，也要尽量避免制造让别人感到难受的噪音。互相保持安静，才能有一个和谐无噪音的环境。

噪音是一种让人觉得讨厌的东西，我们应该离它越远越好。但是我们每天都生活在噪音当中，我们应该怎样做才能尽可能少地听到噪音，尽可能远地离开噪音呢?

想要离噪音远点，我们就应该首先了解声音为什么能传到人的耳朵里。物体的振动发出声音(就像我们拍手发出“啪啪”声一样)，声音通过空气传播，我们的耳朵就像一个接收器一样接收声源发来的声波。耳朵离声源越近、中间越没有阻碍听得越清楚。

所以，要想让噪音离我们远远的：

第一，就是要降低噪声源发出的噪音，让噪音变得越小越好。

第二，我们要躲得远远的，离噪声源越远越好。

第三，我们关上门窗(如果门窗是隔音效果很好的材料做的，效果会更好)，将一部分噪音挡在门窗外面。

第四，面对绕过门窗进来的可恶噪声，我们可以选择用耳机或者听音乐的方式来对付它们。

五、杜绝“白色”污染

大街上到处都是白色塑料袋垃圾，一遇到大风天气白色的塑料袋就刮得满天飞，密密麻麻的像一个个飞行物一样。在我国正式颁布“限塑令”之前，这种场景曾经真实地出现在我们身边。因为塑料袋无法在自然界里自然降解，所以随手乱扔的白色塑料袋就形成了一种环境灾难，如果不加以制止，恐怕我们生活的周围会全部被塑料袋包裹。拒绝使用塑料袋，尝试着使用环保袋吧！这样，我们的天才会更蓝、水才会更清，环境才会更美好。

塑料袋给人们的生活带来了很大的方便，塑料袋的特性使得它成为公认的最佳的物品包装袋，人们早已经习惯了用塑料袋来包装物品。而且，由于塑料袋生产的成本很低，人们在用过之后往往随手一扔，久而久之这些不可降解的塑料袋就对环境形成了很大的危害。

废弃的塑料袋刮到田地里之后就慢慢地被掩埋，而且塑料袋越积累越多，慢慢地存在于土地中无法得到分解，久而久之就会严重影响到农作物的生长，造成庄稼减产，给农民造成很大损失。

如果将废弃的塑料袋进行填埋，不仅占用大量的土地，而且由于塑料袋可以200年不降解，这就严重影响了土地的持续使用。大量的塑料袋如果处理不好的话还会污染到土地和水源。

另外，塑料袋还可能释放有害气体。如果熟食长时间被塑料袋包裹后就可能出现变质，食物变质后连同塑料袋都会有很难闻的气味。这种难闻气味对人体是有害的。

我们不能被塑料袋表面表现出来的“方便、便宜”所迷惑，在了解到塑料袋带来的危害之后，我们就应该拒绝使用塑料袋了。但是没有了塑料袋，我们用什么购物啊?别急，没有塑料袋，我们可以用环保袋来代替。

奶奶买菜喜欢用的竹篮子，还有帆布袋、无纺布袋、编织袋等都是环保袋。使用这种环保袋，可以减少塑料袋的使用量，而且这样的环保袋比纸袋子更结实，还可以反复使用，最重要的是价格也不贵，易于推广。这种环保袋，我们可以在商场、超市里买到，也可以自己动手来做一个。在妈妈的帮助下，用剪刀、缝纫机或者针线、剪好的布块和带子加工成一个自己喜欢的环保袋。当然，还可以在环保袋上画画，写上自己的名字。让我们亲手做一个环保袋来用吧!

六、远离方便塑料袋

我国已发布“禁塑令”，全面禁止生产、销售和使用厚度小于0.025毫米的超薄塑料购物袋，在所有超市、商场、集贸市场等商品零售场所实行塑料购物袋有偿使用，一律不得免费提供塑料购物袋。凡向消费者无偿或变相无偿提供塑料袋行为之一者，将受到最高可达l万元的罚款。

少生产一只塑料袋，可节能折合标准煤约0.04克，减排二氧化碳0.1克，按我国年减少塑料袋使用量10%估算，可节能折合标准煤约1.2万吨，减排二氧化碳3.1万吨。全球减少25%塑料袋使用量所节约的能耗，相当于减少了在路上行驶的汽车1.8万辆；减少使用塑料袋1000亿只，相当于节约石油1200万桶。

2007年全球每年消耗塑料袋1万亿多只。在我国全面实施“禁塑令”之前，某省会城市年消耗重约1.5万吨的塑料方便袋30亿只，一些大型超市每月要消耗塑料方便袋40万～60万只。在我国的许多地方，多年来大量废弃的塑料袋曾在城市出入口、城乡结合部、垃圾堆放场周边和铁路沿线，形成了令人触目惊心的“白色污染”，在春秋两季的大风时节，塑料袋随风飞舞形成白色“树挂”，严重影响了市容环境和城市形象。

限塑令

限塑令

塑料垃圾侵入农田会使粮食、蔬菜减产，每亩废塑料残留量达到3.9千克，可导致蔬菜减产14.5%～59.5%、玉米减产11%～13%、水稻减产8%～14%、小麦减产9%～10%、大豆减产5.5%～9%，塑料袋完全腐烂需要几十年甚至上千年，这无疑会使耕地紧张状况更加雪上加霜。

告别塑料方便袋也许一时会感到不便，如果挎着菜篮子、拎着布兜子逛市场的老传统再回来，许多问题都会迎刃而解。要大力提倡使用布袋、再生纸制包装袋替代塑料袋，行动起来应该没有太大的困难，关键是观念的转变，特别是配套措施和手段要保证供给与需求的需要。

七、选择绿色包装

尽管包装中所含污染物的渗出量很有限，但长期食用此种包装物包装的食品也会给健康带来不良影响。因此，选择绿色包装会令人在健康的消费方式中受益。

目前在发展绿色包装方面，主要是开发替代传统塑料、钢铁和木材等包装物的纸包装。国外研制成功了一种超薄包装用纸膜，其厚度只有几微米，强度大、抗撕扯、不渗水、易于封口，可广泛应用于包装直接入口的糖果、点心等食品，特别是这种纸膜的生物降解速度很快，在自然环境条件下很快就可被降解。

绿色包装商品

传统纸张、天然竹、木制品等未经漂白等化学处理，是比较安全的包装物。科技水平的不断提高，为绿色包装带来了美好的发展前景，生物降解塑料、光解塑料和天然高分子塑料等新型包装物的开发应用，将为人类提供更多的绿色包装选择。

绿色包装从原料到产品加工过程无污染，可循环使用或再生利用，废弃后在自然环境条件即可降解。在保证产品基本使用功能的前提下，突出了资源再生和环境保护两大功能，所追求的是用料节约资源，加工过程减少污染和废物产生，可重复使用并易于回收，能再生为生产原材料，对生态环境和健康无害。随着绿色技术不断更新，衡量绿色包装的具体尺度也会有所调整，但其总体内涵是非常明确的。

曾几何时，只有100多克的燕窝却缠裹着丝绸，躺在镶有24K镀金双龙戏珠的精致盒子里；在精美的真皮包装盒内，仅仅是几块小月饼；有的包装里三层外三层如同俄罗斯套娃，大大超出了被包装商品的本身价值，凡此种种不胜枚举。过度包装增加了资源成本和废弃后的处理成本，造成的直接后果是资源浪费。

在商品包装领域，简单包装即可满足需要的就不要进行过度包装。铝质等金属包装物在冶炼、加工和处理过程中会耗费大量的能源。减少1千克过度包装纸，可节能折合标准煤约1～3千克，减排二氧化碳3.5千克。按我国年减少过度包装用纸10%估算，可节约纸90万吨，节能折合标准煤120万吨，减排二氧化碳312万吨。建议买卖双方在销售与选购液体商品时，优先选择采用散装或软包装的商品，抵制过度包装的商品。

奢侈包装不可取

我国目前城市每年产生垃圾约为1.5亿吨，其中包装废弃物占

30%～50%。包装12亿件衬衫所用包装盒的用纸达24万吨，相当于砍掉168万棵碗口粗的树。每生产1000万个纸月饼盒，相当于砍伐直径在10厘米以上的树木400～600棵。

利用废纸再生新纸在国际上被称为"第四种森林"。用废纸制造一吨再生新纸，可少砍伐树高10米、直径0.2米的马尾松10棵，节电300度、节水240吨。美国的废纸回收率为48%，回收量超过4000万吨，其中有20%以上用于出口。对全球所有废纸张的一半加以回收利用，即可满足新纸需求量的70%，相当于800万公顷森林免遭砍伐。按我国年回收废纸总量的10%估算，可少砍伐林木840万棵。

八、别赶湿巾的时髦

湿巾如今成了宾馆、酒店的新宠，使用湿巾已经成为一种时髦，也成了显示宾馆、酒店高档次的象征。有的人还习惯性地把湿巾放在包里随身携带，觉得这样才有品位。用湿巾擦手是很方便，以为擦过了再吃东西就安全了。其实长期使用湿巾，一样会给健康带来不良影响。

许多人用湿巾擦手、擦脸、擦拭嘴，有的人不但自己使用湿巾，还给婴儿用湿巾，这是一种很不好的习惯。据相关资料显示，湿巾中含有一种很强的杀菌防腐作用的化学成分，有的还会散发出浓烈的香味，一些劣质湿巾的卫生状况更令人担忧。皮肤长期过多地接触湿巾可诱发接触性皮炎，严重的甚至会损害肝功能。

因此，在日常生活中只要在有水洗手的地方，就尽量不要使用湿巾，用水冲洗更为环保、卫生。

九、改造旧物也环保

吃完的饼干盒是不是只能扔掉?穿破的衣服是不是只是废物?喝完的饮料瓶是不是就没有其他用处了?如果你这么想的话，那就大错特错了。要知道，世界上没有废物，没有垃圾。那些我们觉得只能扔掉的、没有价值的东西，换一个角度就能焕发另外的光彩。想想看，如果什么东西用过以后都把它当作废物扔掉，那全世界这么多人每天要产生多少垃圾啊。光是处理这些垃圾就要浪费多少资源。可是，只要开动一下我们的脑筋，废物利用，旧物改造，给它们旧貌换新颜，环保又时尚，何乐而不为呢?

我们常见的旧物有不穿的衣物，用过的瓶瓶罐罐等，它们到底还能用来做些什么呢?像旧衣服，我们可以把它裁剪开来，根据不同的颜色和材质制作成各种各样的收纳袋、玩偶、装饰物等。甚至还可以发挥你的想象力把它们改造成一件不同款式的新衣服。比如，把牛仔裤改成个性牛仔裙，长T恤改成无袖小背心。这样制作成的衣服，可是真正的独一无二呢。

而瓶瓶罐罐用来做各种容器是最好不过的。你可以给它们涂上漂亮的颜色，把它们变成一个个美丽的装饰品摆放在家中。还有人想出把许多的小瓶子串起来，做成一个美丽的风铃。

旧物改造，变废为宝，需要充分发挥我们的聪明才智，也考验我们的动手能力。

任何资源的数量都是有限的。如果我们只知道没有节制地一味索取，

旧物改造

很快就会把地球上的资源用光。等到资源都枯竭了，那我们的后代只能面对光秃秃的地球哭泣了。所以，我们不仅要有计划地消耗资源，还要充分地对资源进行循环利用，也就是资源的再生产和再利用。想想看，同样的一份资源如果可以用上两次，甚至更多次数，不就相当于节约了其他的资源吗?所以，提倡环保，就要做好废旧资源的循环再利用。

资源的再利用可不是简单的说说而已。它不仅需要国家的科技力量和资金支持，更需要每一个人身体力行地参与。只有大家都加入到环境保护的队伍中来，我们的地球才能越来越美好。

十、这样做，水会变多

地球上的水虽然有很多，可是如果我们没有节制，一味地浪费，总有一天会把它消耗殆尽的。我们每一天的生活生产都离不开水，从早上睁开眼睛的那一刻开始，到晚上入睡，如果没有水的相伴，我们的生活会是多么的让人难以忍受。我们刷牙洗脸、吃饭喝水、种植庄稼、科技生产等等，哪一样离得开水？如果长时间没有水喝，甚至人们的性命也会受到威胁。正是由于水的无可取代的地位和作用，节约用水，珍惜水资源就变得格外重要。只要我们在任何需要用水的场合尽量少用一点，没必要用水的地方就尽量不用，这样做的话，水才会变得越来越多，人类的将来也才不会有缺水的担忧。

水是人类生命的源泉，水是万物生长的根基。正是有了水的滋润，一切生物才能如此欣欣向荣，如此生机勃勃。如若有一天，地球的水枯竭了，那么人间就会变成地狱。花草树木枯萎凋零，鱼鸟虫兽死亡，人类自然也就无法生存了。恐怕到了那个时候，地球的最后一滴水就是人类留下的悔恨的眼泪。为了守护我们的家园，为了避免将来出现这样的悲剧，人类要好好珍惜地球上已有的水资源，别让它们消失不见。

节约用水不只是一句口号，而是要贯彻在我们生活中的每一个细节中。现在中国的西北部很多地区都缺水，那里的人们可以深切感受到水的重要性，因此也更明白节约用水的必要性。

正是水资源如此宝贵，联合国将每年的3月22日定为“世界水日”，旨在提高全球对水资源的重视程度。如今世界水日的活动已经开展了许多次，每一次都会有一个特定的主题。

节约水到底应该怎么做呢?难道就是不用水吗?这其实是一个很大的误区。我们该用水的时候还是要用水的，但是那些可用可不用以及完全没必要用的水就应该节约下来。我们想想看，当我们洗手打肥皂的时候是不是任由水龙头的水哗哗地流走呢?我们拖地板或者浇花用的水是不是直接从水龙头接的干净水呢?如果你是这么做的话，说明你存在着许多不良的用水习惯，很多水就在无意中被你白白浪费掉了。如果每个人都能改掉自己不良的习惯，那么就可以节约70%左右的水资源，这是多么惊人的一个数字啊。

节约用水要做到尽量采用节水用具；洗澡洗手时注意关水龙头，不要

让它自始至终都在流水；还要做到一水多用，比如洗完脸的水可以用来拖地板，洗了菜的水可以用来浇花等等。只有我们有心，哪怕是一点一滴的水也要充分节约利用，那么人类的幸福生活才能长久。

十一、播种自己的减碳树

在环境保护中，谁是最大的功臣?地球上那一棵棵绿色的树木，它们可谓是劳苦功高，却处处保持低调。树木们如同一道道绿色的屏障。看着人类制造出众多危害地球的二氧化碳，它们不发一言，只是默默地把这些害人的二氧化碳转换成地球生物需要的氧气。除了制造氧气，大树们还可以净化空气，杀死病菌，储存地下水等等，可谓是用处多多。大树作为地球的绿色守护者，是人类和动物们生存的依赖和希望。所以，要想让地球变得健康，我们就要到处播种大树，让人类的生活变成绿色的新生活。

人类赖以生存的是什么?氧气!人类呼吸时制造出来的是什么?二氧化碳!那如果地球的氧气被人们都吸光了，那人类不就灭亡了吗?不要担心，大树可以解决这个难题。树木和人类刚好相反，它们通过光合作用，吸收进去的是我们不要的二氧化碳，而呼出来的是我们需要的氧气。所以，我们见到大树的时候，应该对它说声“谢谢”!正是它们每天的努力，才可以源源不断地提供我们呼吸的氧气。

那么一棵大树到底能吸收多少二氧化碳呢?这可要好好算一算了。

一棵树平均一年可以释放16.2千克的氧气，同时还可以吸收18.3千克的二氧化碳，这就相当于减少了18.3千克的二氧化碳的排放。也意味着，这棵树一年可为地球减碳465小时。想想看，只是一棵树就能为地球减碳如此长的时间，那么一片森林中许许多多的树木能发挥多大的减碳作用啊！

既然大树的减碳能力如此巨大，那我们理所当然地要爱护树木，要多多种植树木了。这个道理每个国家都清楚，所以全世界各个国家都在大力提倡植树。正所谓，多种一棵树，多添一分绿色，少一分有害气体。植树就是一件利国利民，造福子孙后代的大事情。

正是全世界人民的共同努力，地球的绿色在逐渐增多。原来在钢筋水泥建成的大都市里，也可以随处看到郁郁葱葱的参天大树。大大小小的城市有着自己的绿化带，荒漠原野也开始渐渐出现一条条护林带。但是还不能就此松懈，因为人们的生活生产制造出的二氧化碳也正在以惊人的速度增长着。目前的树木数量还不足以应付与日俱增的二氧化碳等有害气体，因此，人类的植树之路还要继续坚定地走下去。等到地球各处都是绿色的时候，才是人类生活最美好的时代。

十二、拒绝香烟

地球是人类共同的家园。谁都希望自己的家园干净漂亮，处处鸟语花香，可是偏偏有一个恶魔要破坏这个美好的环境。它们吐出的一圈一圈有害气体让周围的空气顿时变得让人厌恶。更可怕的是它们蛊惑着人类，让人类沉迷在它的世界无法自拔。没错，这个恶魔就是香烟！

提起香烟很多人都会深恶痛绝。它给吸烟的人带来了片刻的欢愉，之后却是无穷无尽的灾难。空气被污染，健康被破坏，简直是有百害而无一利。香烟就是人类环保事业的巨大障碍物，是人类要努力斗争的大魔头。

香烟的危害究竟有多大，看一看下列这组触目惊心的数据就知道了。每年死于吸烟引起的疾病人数在400万。估计到2020年，香烟这个隐形杀手杀死的人数还会增长到1000万之多。这是多么可怕的数据！

爱护树木，保护家园

一支香烟从点燃开始，一口一口被人们吸入体内时，就如同一个白色的恶魔顺着呼吸道开始侵害人们的身体。最初的7秒时间，香烟的有害物质就到达了大脑，刺激脑神经。之后，烟草中的有毒化学物质还会进入到血液里面，跟着血液循环来到身体的各个部位，进一步危害人的心脏、肺等器官。除了吸烟者本人的健康受损，连周围人的健康也会跟着受到侵害。

吸烟对健康有害

要知道，在我国有3.2亿多人吸烟，并且这个数字还在逐年递增。这就是说，基本上只要你出门就能遇到有人吸烟。香烟这个恶魔可谓是无处不在。

除了损害人的健康，吸烟还会严重污染环境。别的先不说，光是制造这些香烟就要耗费惊人的木材。生产一吨纸会用掉20棵大树，而我国的卷烟纸每年消耗量在10万吨。这样算下来，一年仅仅是为了卷烟生产就要用掉200万棵大树。而牺牲了这些对人类有益的树木制造出来的却是对人类有害的香烟。怎么看都是件得不偿失的事情。

十三、“爱护我们的地球”

地球是人类唯一的、赖以生存的家园。迄今为止，人们还没发现一个像地球一样适于人类居住的星球。在漫长的演化发展过程中，地球孕育了我们，并为我们的生存和发展提供丰厚的资源和条件。爱护地球，就是爱护自己的家园；保护地球，就是保护我们生存的环境和条件。我们只有一个地球，而它正在慢慢衰竭。

我们必须学会尊重自然、保护自然，因为我们都是自然的孩子。保护环境需要知识，更需要决心和恒心，还有科学的态度。

人类是自然的子民，但人类却为了发展不断毁灭自然。地球于45亿年前诞生，人类的历史才不过短短的300万年，有文字记载的文明不超过6000年。300年前，人类在漫长的发展中基本与自然能够和谐相处。自从工业革命开展以来，人类在300年内对自然的破坏和掠夺已经接近自然的极限。如果继续按照现在的节奏开采下去，石油天然气将在50年内耗尽，煤炭不超过100年；到2020年，地球上的大多数矿产资源(包括铜、铝、锡、锌、金、银等)都将开采殆尽。今天，南极臭氧层漏洞不断扩大；全球气候变暖，温室效应使海平面上升；工业生产带来严重的大气污染、海洋

香烟的危害

与淡水污染、土壤污染、化学污染；森林覆盖面积越来越小，土地沙化日趋严重；人们的发病率不断提升，物种加速灭绝……总之，地球资源在不断减少，生态环境在不断恶化，人类的物质生活飞速发展，但是持续发展的条件却在一点一滴地丧失。

人类不断地向大气中排放二氧化碳等废气，把大气弄脏了，使地球像在大热天穿了一件脏棉袄，体温不断地升高。如果将空调的温度调高，每周少开两天车，那么地球就不会继续发烧了。

地球大气中的臭氧层能吸收阳光中对生物有害的紫外线，是地球上所有生命的保护伞。大气污染破坏了这层重要的保护伞，使地球的臭氧层产生了空洞。家里的冰箱如果是老旧的含氟利昂型，快劝爸爸妈妈将其淘汰吧，否则臭氧层的漏洞会越变越大。

第五章

碳文化帮你提高低碳意识

一、转变意识，拥抱低碳

发展方式的转变是根本的转变

价值观决定文化的发展取向，文化取向决定一个民族、一个国家的发展取向。中国是一个资源大国、人口大国，但按人均资源占有量计算，又是一个资源穷国、小国。国情决定了我国的经济社会发展，照搬发达国家的模式是行不通的，只有通过思维方式的创新，建立和完善有中国特色的创新发展模式，并通过发展方式的根本变革，方能实现科学发展，构建资源节约、环境友好的生态社会。

要从根本上改变高投入、高消耗、高污染的粗放型经济发展方式，由初级要素导向向创新要素导向转移，建立科技含量高、经济效益好、资源消耗低、环境污染少和人力资源得到充分发挥的循环经济发展方式，通过对传统产业的技术改造与升级，大力发展创新产业、创意产业和环保产业，推行清洁生产和绿色制造，走有中国特色的新兴生态工业化道路。只有向变革产业结构和推进科技进步的发展方向转移，摒弃单纯注重经济增长、不计环境成本的黑色GDP，建立资源节约与环境友好的绿色GDP，才能又好又快地有效提升经济运行质量和经济效益，从而实现科学发展的目标，并为生态文化建设提供更多的物

循环经济

质支撑，促进其健康发展和不断完善。

循环经济是资源减量化再利用的循环

循环经济是对物质闭环流动型经济的简称。它是按照自然生态系统物质循环和能量流动规律重构经济系统，通过经济系统和谐地纳入自然生态系统的物质循环，建立起来的一种新型的生态经济模式。

循环经济强调运用生态学规律指导人类社会的经济活动，是一个以可持续科学发展思想为核心，按照清洁生产方式对资源及其废物进行综合利用的生产活动过程。它要求经济活动进入从资源→产品→再生资源的反馈式流程，其特征表现为资源低开采、高利用和污染物低排放。资源减量化和再循环是循环经济最重要的实际操作原则。简言之，循环经济是按照自然生态规律，有效地利用自然资源，以实现经济活动向生态方式转变，从根本上缓解长期以来环境与发展的尖锐矛盾冲突。

传统经济是由资源→产品→污染所构成的物质单向流动的经济。在这种开环的经济系统中，人们以越来越高的强度把地球上的资源开发出来，在生产加工和消费过程中又将大量的污染物和废物排放到环境中去，对资源的利用是粗放的和一次性的，所实现的只是经济的数量型增长。由于高开发、低利用，持续不断地将资源变成越来越多的废物，导致了许多自然资源的短缺或枯竭，并酿成了一系列环境污染和生态破坏的灾难性后果。

清洁生产从头到尾都干净

清洁生产强调以清洁的资源、能源和原材料，清洁的生产工艺和生产技术，清洁的产品和清洁的回收，在产品从设计、制造、使用、报废和回收的整个寿命周期形成闭环循环，体现物有所值和实现物尽其用。

清洁生产要求不断改进产品设计和生产工艺，采用先进的制造技术与设备，以及通过改善日常管理和资源综合利用等有效措施，从源头开始实施对污染物和废物削减的全过程控制，以提高资源利用率，减少或避免在产品生产、售后服务、产品使用和废弃处置过程中产生和排放污染物和废物，以减轻或消除对人类健康和生态环境的危害。

实施清洁生产重在不产生污染物和废物，或将所产生的污染物和废物消灭在其产生之前或自我消化吸收，提高资源利用效率，减少污染物排放或污染物“零污染”，并通过资源综合利用、短缺资源替代、二次能源再利用和节能降耗，使产品生产、资源消耗的全过程与生态环境相容，以减缓自然资源耗竭和生态环境污染、生态破坏的速度。

传统生产方式与清洁生产方式的不同在于，将主要注意力集中在污染物和废物产生之后如何处理上面，它考虑的不是事前而是事后如何去处置污染物和废物，以减少对生态环境的危害。用一句老百姓的话说，就是事后“诸葛亮”，而且是伪“诸葛亮”。

外部不经济让社会与公众付出巨大代价

以有污染物排放企业为例，如果将围墙之内界定为内部，相对于内部的外部就是围墙之外的大环境。

有污染的企业将在生产过程中产生，而且未经任何净化处置的污染物直接排入大环境，虽然节省了内部污染治理设施投资和污染物处置费用，增加了企业的利润，却对外部大环境造成了污染，使全社会蒙受大环境污染带来的损害和危害，并增加大环境污染治理的社会成本。如果成千上万家企业都如此行事，对大环境的损害将是灾难性的。

我国的江河湖泊受到污染的占70%，其中因污染严重已不能用于农业灌溉和工业用水的水体占28%。长江30%的主要支流污染严重，其中江段处于危急状态的占10%。2005年注入黄河的废水比20世纪80年代增加了2倍。

在我国500多座城市中，多数城市的空气质量未达到国家空气质量控制标准。企业向大环境排放的大量污染物和废物，导致大气、水体和土壤受到程度不同的污染，对此只是杯水车薪地缴纳了一点“排污费”，而对外部大环境的污染治理责任却被企业不合理地转嫁给了社会或其他社会成员负担。外部大环境污染治理所需要的费用要比从企业内部实施污染治理所需要的费用多得多。

企业污染

要从经济上制止企业任意排污的行为，并将外部大环境污染所需要的治理费用纳入企业的生产成本，对全社会进行环境补偿。对企业工程项目的经济评价和环境影响评价，要计算其所要支付的外部大环境污染治理费用，并进行综合评估。

环境保护是最典型的公共产品。外部不经济是典型的市场“失灵”表现之一，不仅仅是个经济问题也是涉及经济社会发展、公众健康和子孙后代福利的大问题。由于市场的趋利性和企业对利润最大化的狂热追求，所造成的外部不经济问题在市场范围内无法得到彻底解决，需要由政府出台必要政策进行干预和加强宏观调控，并通过征税等有效措施和引导公众积极参与来解决。

生活方式转变是基础中的基础

从文化与生活方式的关系角度考察，从某种意义上说生活即文化，文化即生活，生活是文化的源泉，文化是生活的反映，也是生活从传统方式走向生态方式的向导。由传统生活方式向亲近自然的生活方式迈进，推动传统文化朝着人与自然和谐共处的生态文化方向升华，需要人们在生活、消费观念与方式上作出一些实质性的改变。生活不仅要追求舒适与享受，还要考虑生活方式和消费方式对生态环境的影响，这就是一种生活中的文化态度，也是生态文化建设与发展的必然要求。

生活在越来越恶劣的大环境条件下，个人的所谓舒适反而会因为大环境恶化而感到越来越不舒适。因此，要摒弃传统的不利于生态环境保护的生活、消费陋习，将个人的生活、消费行为与节能环保，与家庭环境、工作环境和区域环境的质量改善，以及地球环境保护紧密联系起来考虑，肩负起时代赋予的环保与节能减排的历史责任和义务。顺应经济社会发展的客观要求，养成绿色生活、绿色消费的好习惯，人人都献出一点爱，对你、我、他和大自然都有益，也会让大千世界充满阳光。

让绿色生活与消费方式成为习惯和时尚

习惯是一种生活态度，更是一种文化的外在表现，人们要由不考虑大自然“感受”的传统生活观念和生活方式，向“5R”绿色生活观念和生活方式转变。节约资源、减少污染，绿色消费、环保选购，重复使用、多次利用，分类回收、循环再生，保护自然、万物共存。在日常生活中，要尽量减少不必要的资源、能源消耗，以及生活垃圾等污染物和废物排放，使生活舒适度的提高与大环境的优化相辅相成。

时尚是什么，是享受生活的一种反映，从本质上属于一种文化潮流。应该说，讲求产品高品质、物美价廉、节能环保，已成为当代社会的一种新潮流。在日常生活中，要由过度消费向适度、节制消费的绿色消费观念和消费方式转变。选择无污染、无公害、健康的绿色产品，注重资源重复利用，保护生态环境和生物物种，让绿色消费行为成为全社会的共同行动。生产行为、消费行为都要考虑商品的健康与安全、社会利益和对生态环境的尊重。

二、节能减排，不能不说的话题

简单地说，节能减排就是节约能源，减少二氧化碳等温室气体和其他污染物的排放，是生态环境保护的重要内容之一。目前，全球二氧化碳排放量已超过大自然承载能力的2.5倍，最直接的影响是产生温室效应，造成自然灾害肆虐。全球每年约有16万人死于气候变暖直接导致的疾病。

在世界能源结构中石油占第一位，在我国能源结构中煤炭占第一位。我国的煤炭消耗量占全球煤炭消耗总量的31%，石油消耗量占全球石油消耗总量的7.5%，煤炭对能源的贡献率超过了三分之二，其他要素对能源的贡献率的总和还不到三分之一，这样畸形的能源结构是“上帝”赐予的，是不折不扣的“煤老大”，导致我国二氧化硫、二氧化碳排放量在国际上名列前茅。2006年二氧化硫排放量达2500多万吨，其中的90%是由于烧煤带来的。在我国522座城市中，多数城市的大气质量没有达到国家大气质量的控制标准。

尽管我国人均能耗远低于发达国家，但随着人口增加和经济持续增长，对能源的需求量会越来越大。能源资源与环境资源是紧密连在一起的一对孪生兄弟，一旦出现能源要素与环境要素制约，经济社会发展很容易出现问题。我国的能源结构在短期内尚无法得到根本性改变，在这种情形下大力推行节能减排，不失为一项切实可行的能源战略举措。

节能这一概念是在20世纪70年代出现世界性能源危机后提出来的，如今在国际上已普遍采用“能源效率”的概念来替代。所谓节能，就是采取技术上可行、经济上合理、环境和社会可接受的一切措施，提高能源资源的利用效率。也就是说，节能旨在通过降低单位产值能耗强度，在开采、加工、转换、输送、分配到终端利用等能源系统的所有环节，从经济、技术、法律、行政和宣传教育等层面，采取有效措施消除能源浪费。

节能本身是把原本会浪费掉的能源，通过节约手段把它“捡”回来。我国年照明用电约为30亿千瓦时，如果将普通照明灯全部改换为节能灯，节电量比三峡水库的年发电量还要多。节能不仅是能源而且是绿色能源，在国际上被称为继煤炭、石油、可再生能源和核能之后的“第五能源”，也有人称其为“负瓦特”革命。在国际上，一些国家把节能作为增加能源供应的新手段，利用市场机制将那些“捡”回来的能源，作为商品进行交易。

节能减排

2006—2010年，我国实施的节约和替代石油、燃煤工业锅炉和窑炉改造、区域热电联产、余热余压利用、电机系统节能、能量系统优化、建筑节能、绿色照明、政府机构节能、节能监测和技术服务体系建设“十大节能工程”，预计可节能折合标准煤2.4亿吨。

三、提高能源效率意识

需求侧与综合资源的管理与规划

1996—2000年，我国某著名大油田的用电量从70.55亿千瓦时降至

61.5亿千瓦时，最高负荷从1075兆瓦降至950兆瓦，峰谷差从165兆瓦降至60兆瓦。用电量有较大幅度下降，是因为油田大量减产了吗?回答是否定的!其中点石成金的高招就在于，舞动了需求侧管理(DSM)和综合资源规划(IRP)这两根魔棒。

DSM就是公用事业公司采取激励和诱导措施及适当的运作方式，同用户共同协力提高终端利用效率，改变用电方式，以减少电量消费和电力需求的管理活动。

IRP就是把供应方和需求方的各种形式资源作为一个整体进行的资源规划。让能源节约、开发和环境等资源参与平等竞争，经过多方案优选，以最低成本为用户提供能源服务。实施IRP能够真正做到节能优先，实现能源与经济、环境相协调发展。IRP是在DSM的基础上发展起来的，DSM是IRP的主要组成部分，IRP要通过DSM提供节电资源，减少需求方对供电的依赖。

20世纪90年代以来，先进的IRP方法和DSM技术，在包括我国在内的许多国家得到广泛应用，目前主要用于电力等公用事业部门。我国在一些区域电网和用户电网进行试点研究和工程示范，取得了很好的效果。2004年，为缓解电力严重短缺状况，在全国范围内推行了需求侧管理，弥补了几百万千瓦的负荷缺口。

能源管理也需要合同

1998年，北京、辽宁和山东组建的三家全新机制的能源服务公司，利用世界银行资金启动了工业企业节能技术改造项目，项目投资回报率超过20%，平均每节约100元能源费用的全寿命周期节能成本为33元。什么灵丹妙药创造了这样的奇迹?“药引子”就是合同能源管理(EPC)，这种节能投资新机制运作的专业化的“节能服务公司”(国外简称ESCO，国内简称

EMCO)的发展十分迅速，目前，我国类似的ESCO已发展到300多家。

EPC是以实施节能项目取得的节能收益，支付项目全部费用的节能筹资方式。ESCO以效益分享为基础，对用户进行节能诊断，提出方案并签订合同，为项目筹资、采购、安装设备、培训人员和投产运行；用户则按合同规定，用节能效益向ESCO支付项目费用。也就是说在合同期内，客户不需花1分钱、不用承担投资和技术风险，就能够分享到节能效益，ESCO在几年内收回投资并获得合理的利润后，全部节能效益和节能设备归属客户所有。推行EMC节能效率高，项目的节能率一般在5%～40%，最高可达50%。

节能环保

EPC是20世纪70年代“能源危机”以来，为了克服推行需求管理和综合资源规划的障碍应运而生和发展起来的一种全新的节能分享模式，已经迅速形成了一个规模超千亿美元的新兴朝阳产业。

节能必须有自愿协议

2003年，国内一家大型钢铁公司的节能率达到4.7%，大大高于2%的既定目标。发生这一突变的奥妙所在，就是这家大型钢铁公司与所在地的省政府签署了节能自愿协议(VA)。

VA通常是政府与行业协会或企业签订的协议。行业协会或企业按照预期的节能减排目标采取自愿的行动，政府则要给予企业或行业一定的财

政激励。

VA是世界上应用最多的非强制性节能措施。与行政手段相比能更容易、更迅速地得到实施，成本效益更高，已在许多国家得到了推广应用。美国政府推出了减少建筑物温室气体排放的自愿计划；启动了绿色照明、能源之星计算机计划；与主要厂商达成协议，生产节能型计算机，开发燃料效率为1994年3倍的汽车。德国的汽车制造商发表声明，自愿生产和销售油耗比1990年低25%的汽车。荷兰政府与工业企业签订协议，确定了提高能源效率20%的目标。丹麦政府与工业企业签署协议，对采取了节能措施的协议企业减征排碳税。芬兰、瑞士等国家，也采取相应措施激励企业节能。

自2003年我国某省政府与钢铁公司签署了我国第一项节能自愿协议之后，青岛、烟台、上海、浙江、四川和福建等地也相继推行了这项措施。

要用能效标准来约束

电器哪个便宜就买哪个，什么效率不效率的省钱就行呗，还要用什么法来管吗？

能源效率标准(简称能效标准)是规定产品能源性能的程序或法规。强制性能效标准，禁止能效低于国家能效标准最低值的产品在市场上销售。产品的能源性能的目标限定值是按照规定的测试程序确定的，分为指令性标准、最低能源性能标准和平均能效标准三类。能效标准规定了强制性能效限定值、自愿性节能评价值；能效

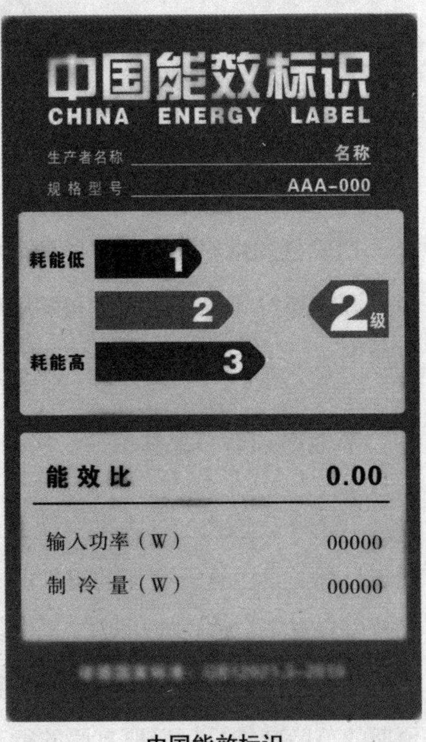

中国能效标识

限定值的功能主要是淘汰落后产品；自愿节能评价值的功能旨在鼓励制造商提高产品能效。作为终端用能设备和产品市场转换的一种有效工具，能效标准是检验产品能效、节约能源和保护环境的“度量衡”，它可以有助于改善消费者福利，维护公平竞争和消除贸易壁垒。

我国目前共颁布终端用能产品能效标准34项，主要涉及家用电器、照明器具、商用设备、工业设备、办公设备和交通工具六大类产品。在节能标准方面，目前已颁布国家标准230余项，行业标准和地方标准总数达到500余项。

要用能源效率标识去监督

面对市场上五花八门的所谓节能家电，作为一个普通人该如何进行甄别和比较呢?能源效率标识可为解决这一难题提供帮助。

能源效率标识简称能效标识，是附在产品上的信息标签，一般粘贴在产品的正面面板上，显示的主要信息包括生产者名称、规格型号、能耗等级、能耗指标和依据的国家标准号等信息。能耗等级是判断产品节能效果的最重要指标，等级越高节能效果越好。

我国自2005年起实施了家用冰箱、空调能效标识制度，能耗指标为5级。等级1表示产品能耗达到国际先进水平；等级2表示产品能耗高于我国市场的平均水平；等级3表示产品能耗达到我国市场的平均水平；等级4表示产品能耗低于市场的平均水平；等级5表示产品能耗高，属于末位将淘汰的产品。

能效标识可分为保证、比较和单一信息标识三类。保证性标识显示了特定的标准信息；比较性标识显示的信息，可让用户对不同产品的节能效果进行比较，准确识别产品的节能性能；单一性信息标识只显示与产品性能有关的数据。能效标识提供了一个公认的能效基础，有利于鼓励用户购

买能效高又省钱的产品，并通过消费者的“脚”，促使企业多生产物美价廉、能效高的产品。迄今全球已有46个国家和地区实施能效标志制度，美国的能源之星的能效标识已覆盖38类1.3万种产品。

我国对家用电冰箱、房间空调器、电动洗衣机、燃气热水器、自整流荧光灯、高压钠灯、中小型三项异步电动机、单元式空调、冷水机组9类产品实施了能效标识制度。

四、认识低碳新动力

太阳能应用越来越广泛

太阳能利用是新能源开发的一大亮点。太阳能发电、太阳能汽车和自行车、太阳能热水器和供暖器、太阳能炉灶、太阳能计算器等产品层出不穷。如今太阳能衣服也应运而生，不但能播放歌曲、视频，还能为便携式微型电器充电。把太阳能穿在身上再也不是遥不可及的幻想了。

地球所接收到的太阳能，只占太阳表面所发出能量的二十亿分之一左右，却相当于全球所需总能量的3万~4万倍。与石油、煤炭等矿物燃料利用不同，利用太阳能不会导致温室效应，也不会给全球性气候添麻烦，更不会造成环境污染。

长期以来，许多国家都在研究如何更好地利用太阳能，并竞相开发出光电新技术和新材料，以扩大太阳能的应用领域。我国太阳能热水器性能和质量已达国际先进水平，销售量以每年20%~30%的速度增长，目前太阳能热水器使用面积已达9000万平方米，是全球产量与保有量最多的国家。

风能乘着大风车走进寻常百姓家

在碧绿广袤的内蒙古大草原，一排排乳白色的风车转动着巨大叶片，让人不禁联想起了舞动着长矛与风车拼命的骑士——堂·吉诃德。

风能是空气流动所产生的动能，是人类最早有意识利用的能源之一。

我国20%左右的国土面积具有丰富的风能资源。东南沿海及其岛屿，以及西北、华北和东北地区，特别是新疆和内蒙古的风能资源极为丰富。我国风电装机容量居世界第五位，已突破600万千瓦，到2015年将达到1500万千瓦，到2020年将达3000万千瓦，届时风电将成为我国第三大电力来源。北京康西草原风力发电机组在2008年北京奥运会期间，每天能为赛会供电63万千瓦时。

风能是无污染的可再生能源，风电运行成本低廉，开发前景十分广阔。全球可利用的风能比地球上可开发利用的水能总量大10倍，利用风能发电有着巨大的发展潜力。随着科技进步，风能开发越来越受到各国的重视。

核能越来越受青睐

核能已成为全球关注的焦点，许多国家都在加快核电站建设。为什么人类对核电情有独钟呢？

燃煤向空气排放大量的二氧化碳、二氧化硫、氮氧化物和大量烟尘，对生态环境造成了破坏，人类迫切需要寻找新的清洁能源替代不环保能源。核能是20世纪人类的一项最伟大的发现，1942年美国成功地启动世界上第一座核反应堆，一种通过原子核变化而产生的能源从此诞生，标志着人类从此步入了核能时代。核能不产生燃烧化石燃料所带来的有害物质，是目前唯一可大规模替代化石燃料的清洁能源。在全世界能耗总量中核能所占份额已升至6%。

核能包括核裂变能、核聚变能。核裂变能是通过重原子核发生链式裂

核能概念车

变反应释放出的能量，迄今达到工业应用规模的核能，只有核裂变能。

核聚变又叫热核反应，是由两个氢原子核结合在一起释放出能量，氢的同位素氘是主要的核聚变材料。氘以重水的形式存在于海水之中，氘的含量只占氢的0.015%。这种核聚变燃料可以从海水中提取，便宜而且数量丰富，1升海水中的氘通过核聚变释放出来的能量，相当于燃烧300升汽油所释放出的能量。全球海水中所含的氘，如通过核聚变全部释放为核能，可供人类在很高的消费水平上使用50亿年。与核裂变相比核聚变更加安全，产物放射性很少，聚变反应堆不产生污染环境的硫、氮氧化物，不释放二氧化碳等温室效应气体。

人类对核聚变能的控制与和平利用，与“将太阳搬到地球上”好有一比。核聚变能的商用化将为满足人类未来能源需求提供解决之道，这一进程有望在30～50年后实现。全球首个多国合作探索核聚变应用的国际热核实验堆将进入实质启动阶段，被喻为实现成功控制核聚变梦想的一个机会。参与此项计划的欧盟、中国、韩国、俄罗斯、日本、印度和美国，其人口占世界人口的50%，这意味着世界一半人已将聚变能源作为解决未来能源问题的一个探索途径，而对另一半人口来说，则代表着未来能源供给的一个大希望。

生物能前途无量

北京市将建立泔水油回收系统和生物柴油生产线，通过相关处理技术将泔水油转化为绿色能源——生物柴油。生物柴油安全、清洁、高效，是一种难能可贵的可再生燃料。生物柴油作为汽车燃料使用，在所排放的汽车尾气中不含二氧化硫、碳氢化合物，一氧化碳也大大降低。

生物能是太阳能以化学能形式贮存在生物中的一种能量形式。这种以生物质为载体的能量，直接或间接地来源于植物的光合作用。生物能实质上是贮存的太阳能，也是目前唯一可再生的碳源，可转化为常规的固态、液态和气态燃料，是人类利用最早、最直接的一种能源。

全球具有开发和利用潜力的生物质资源数量庞大、种类繁多，每年生产生物质总量的干重为1400亿～1800亿吨。制造生物能源的有动植物、微生物以及由此派生的排泄和代谢的有机物等废物资源可利用，主要包括工业性木质废物及甘蔗渣、城市废物、沼气及能源型作物、燃料作物等现代生物质和薪柴、木炭灰、稻草、稻壳、植物性废物、生物粪便等传统生物质。此外，产业化种植的速生树木、糖与淀粉作物、草本作物和水生植物等，也是具有开发潜力的能源作物。

利用生物质能生产液体燃料、燃气、木炭和炭等固体燃料。经气化可产生的热能、蒸汽，可用于发电、供热和其他方面的用途；对农业和城市固体废物、粪便、污水等进行厌氧消化，生产沼气、肥料。我国生物质开发利用的发展重点为热解和液化制油、气化供气和发电、燃烧供热、制氢和沼气工程等优质项目。

地热能提供的服务越来越多

意大利早在1904年就建成了地热能电站。近年来，在我国河北、北京、辽宁、海南和广东等地，地热能利用也走到了前台。

地热能量是储存于地球内部岩石或流体中的热能，通常以热水、蒸汽或干热岩的形式储存于地下，热能储量非常惊人。已开发利用的是热水型地热资源，温度高于150℃的为高温型，温度为90℃～150℃为中温型，温度的小于90℃的为低温型。高温地热主要用于发电，中、低温地热则直接用于采暖、种养殖、工业生产和洗浴等方面。

地热能利用流程图

地热能在世界上很多地区已应用得相当广泛。人类自古就已将低温地热用于洗澡和供热，后来又将地热利用扩展到温室种植、水产养殖，以及地源热泵和热处理等领域。利用干燥的过热蒸汽和高温水发电，已有几十年的历史；利用中温水通过双流体循环发电设备发电，在过去的10年中取得了明显进展，相关技术已经成熟；地源热泵技术近年来取得了长足进步，使许多国家在经济上可供利用资源潜力明显增强。

我国的地热能资源丰富，已探明的地热能储存有4000多处，热能储量折合标准煤4600多亿吨，但已开发的还不足千分之一。高温地热带多分布在西藏、云南和台湾等地区。到2005年，我国利用地热供暖的建筑面积已达1000多万平方米，种植面积达3100多公顷，养殖面积达2800多公顷。

全球地热能的储量相当大，但分布得比较分散。受地域分布、钻探深度和输送因素等条件限制，地热开发难度大、成本较高，短期内尚难以形成较大的经济规模。

氢能——可替代能源的一颗新星

在国际车展和电视上，大家可以看到高科技概念车——燃料电池汽车。燃料电池是氢能的理想转化装置，通过氢与氧发生电化学反应获得直流电，为汽车提供动力。

氢(H)是世界上最丰富的一种元素，能够从海水中提取，可谓取之不尽用之不竭。氢的热效率高，燃烧 1 克氢的热量相当于燃烧3克汽油的热量。

在国际上对氢能的研究与开发持续升温，相关技术得到了快速发展。作为一种高效、清洁的新能源，氢能已在国际航空航天、民用工业领域得到应用，其中燃料电池是最好的技术之一。燃料电池汽车具有无污染、高效率、适用广、无噪声、能连续工作和可积木化组装等优点。以氢为燃料的燃烧过程除了释放较高热能外，余下的废物只有水，可以真正实现污染物“零排放”。

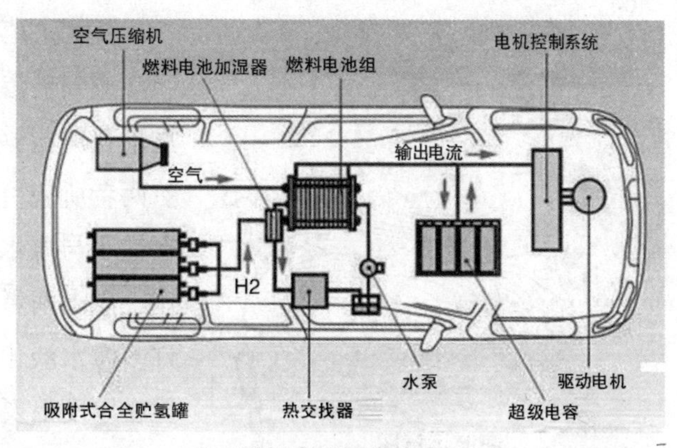

燃料电池概念汽车

利用氢能是一项极其复杂的技术，在制氢、储存、运输和价格等氢能资源社会化方面，有许多难点需要克服。预计20多年后氢能的应用会有大的突破，其优越性也会更充分地显现出来。

盐能——可替代能源的新尝试

当盐水与淡水在河口混合时温度会上升0.1摄氏度，人们可以从中获取两者混合时所释放的能量——盐能。在全世界河流入海口所蕴藏的这种能源，相当于全球电力需求的20%。

挪威、荷兰将海水与河水混合获取盐能的小型实验项目，是人类试图在河流入海口寻找洁净能源的一种新尝试。挪威的实验表明，盐水吸入淡水时产生的盐能，相当于270米高瀑布产生的电能，发电量约为5000千瓦时，足以开动洗衣机或为几十盏灯泡供电。此前，国际上的一些小实验所获取的盐能，只能为数量极少的灯泡供电。

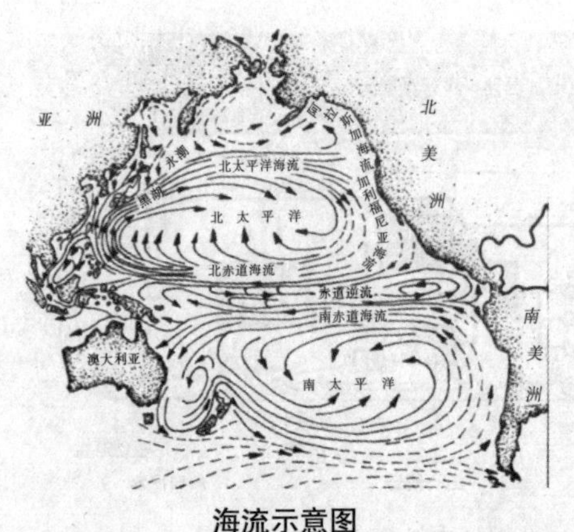

海流示意图

挪威的实验系统侧重于淡水由膜渗透到盐渗透，荷兰的实验系统侧重于获取能够释放电流的盐微粒。虽然两者所使用的系统不同，但都需要在盐水与淡水之间放置渗透薄膜，在这一点上两者是共同的。这种薄膜与许多海水淡化厂使用的薄膜差不多，但在厚度上要更薄一些。

盐能一直是可望不可及的能源，如今人们看到了希望，尽管盐能资源的利用尚有很长的路要走，可一旦最终获得大面积成功，将大大地为人类造福。

潮汐能等未开垦的处女地亟待开发

潮汐能——海水涨落及潮水流动所产生的能量。全球潮汐能的蕴藏量约为27亿千瓦。如果用于发电，年发电量约为1.2万亿千瓦时。潮汐能利用主要用于发电。英国、美国等国家有正在运行、在建和拟建的规模化潮汐电站139座，我国已建成小型潮汐电站9座。1980年，我国建成了第一座双向潮汐电站——江厦潮汐试验电站，是世界上较大的一座双向潮汐电站。

海流能——海水流动所产生的能量，稳定、持续性强。海洋占地球面积的71%，海流(洋流)蕴藏着巨大能量，用于发电是海流能利用的有效方式。海流电站的发电装置与风力发电装置比较相似，故又有“水下风车”之称。1979年，我国在舟山群岛进行过螺旋桨式海流发电试验。

波浪能——海水涌动所产生的能量，能量巨大、资源丰富，但属于低品位能源。波浪能的发电成本比常规电站的发电成本高10～20倍。如何建造既经济又实用的大型波浪能电站来利用廉价的波浪能资源，是人类所面临的一大挑战。

矿物燃料是全球气候变暖的罪魁祸首。长期以来人们始终在谋求能源多样化，大力开发清洁新能源是减少使用煤和石化燃料、缓解能源危机的有效途径。

五、我国的生态维护与绿色创建

生态省建设

我国生态省建设于2003年启动。目前国家已确定生态省建设试点省份13个。海南是全国第一个生态省试点省份。2006年辽宁生态省建设拉开了帷幕。

我国生态省建设起源于生态示范区创建活动。生态示范区覆盖了一定的行政区域，是实现了生态良性循环和经济社会全面、健康和持续发展的，既相对独立又对外开放的社会、经济和自然的复合的生态系统。我国生态示范区创建活动始于1995年，到2003年，我国已建成国家级生态示范区482个。我国生态示范区建设目标，2001—2010年扩大到全国四分之一至三分之一的县、市，2011—2050年全国整体区域的生态保护与经济建设做到协调发展。

生态省、市、县覆盖了相应的行政区域。建设经济社会与生态环境协调发展，各领域基本符合可持续发展要求的生态省、市、县，是我国生态示范区建设延续与发展的最终目标。

生态省建设要求，以可持续发展理论、生态学和环境经济学等原理为指导，以促进经济增长方式转变和改善环境质量为前提，抓住产业结构调整这一重要环节，充分发挥区域生态与资源优势，统筹规划和实施环境保护、社会发展与经济建设，基本实现区域经济社会的可持续发展。生态环

境良好并不断趋向更高水平的平衡，环境污染基本消除，自然资源得到有效保护和合理利用。稳定可靠的生态安全保障体系基本形成。环境保护法律、法规、制度得到有效的贯彻执行。以循环经济为特色的经济社会加速发展。人与自然和谐共处，生态文化有长足发展。城市、乡村环境整洁优美，人民生活水平全面提高。

辽宁生态省建设总体目标：到2020年初步建成生态省。全省80%以上的市、县基本达到国家生态市、县建设标准；初步建立起高效低耗的生态经济体系、持续利用的资源支撑体系、优质可靠的环境安全体系、山川秀美的自然生态体系、自然和谐的生态人居体系、现代文明的生态文化体系，在辽宁老工业基地全面振兴过程中，走出一条资源节约和环境友好的新路子。到2025年，努力把辽宁建设成为经济发达、生活富裕、环境优美、文化繁荣、社会和谐的生态省。

经济发展方式实现转变——生产方式基本完成从高消耗、高污染向资源节约和环境友好的转变，资源利用效率显著提高，实现节约发展、清洁发展、安全发展和全面协调可持续发展；形成生态产业在国民经济体系中占主导地位、具有辽宁特色的生态经济体系。全省单位地区生产总值能耗要低于标准煤1.28吨，万元工业增加值水耗低于100立方米。

生态环境质量显著改善——主要污染物排放总量得到有效控制，水、大气和近岸海域环境质量达到功能区划要求，退化土地基本得到治理。森林覆盖率达到39%以上，单位地区生产总值二氧化硫排放量和化学需氧量，分别低于每万元6千克、每万元4.2千克。

人居环境优美舒适——城镇供水、能源、交通、环保等基础设施配套完善，环境净化、绿化和美化；农村居住环境实现卫生、清洁、优美、文明。城镇污水处理率达到80%以上，城市集中式饮用水源地水质达标率达到95%以上，村镇饮用水卫生合格率达到100%。

全社会生态文明程度显著提高——健全和完善生态省建设的法律法规体系与执法监督机制；基本形成提倡节约和保护环境的价值取向，公众积

农村小康环保行动

极参与生态省建设。环境宣传教育普及率达到95%以上。

辽宁生态省建设阶段目标，2006—2010年初步形成生态省建设的机制和框架，初步搭建起生态经济、资源支撑、环境安全、自然生态、生态人居和生态文化的生态省建设框架；初步建立起政府主导、法律规范、市场运作、科技先导和公众参与的生态省建设机制。建成一批生态市(县)和生态示范区试点，基本遏制生态环境恶化趋势，部分地区生态状况有所好转，为全面开展生态省建设奠定基础。

2010—2020年90%以上的指标达到国家生态省建设标准，80%以上的市、县基本达到国家生态市、县建设标准。经济发展方式基本实现转变，产业结构优化升级，初步形成以循环经济为核心的生态型经济，生态效益产业成为经济新增长点。城乡人居环境清洁优美，建成一批环境保护和生态建设重点工程，全省大部分地区环境质量良好，辽河流域水环境质量和城市大气环境质量明显改善；农村基本达到“清洁水源、清洁家园、清洁田园”要求。全省可持续发展能力显著提高，经济、社会与生态环境基本步入协调发展的轨道。

2020—2025年，进一步完善提高生态省建设质量，各项指标达到国家生态省建设要求，生态省建设的主要任务和目标基本实现。

农村小康环保行动

我国农村小康环保行动计划为期15年，于2006年启动。辽宁、宁夏、吉林、湖南和江苏等省区相继实施了这项计划。宁夏为全国首个申请列入行动试点的省份。安徽绩溪的行动方案是全国首个通过国家评审的县级方案。

实施农村小康环保行动计划是新农村建设的一项重要举措。它旨在积

极发展农村经济的同时，保护和改善农村生态环境。大力弘扬生态文明，通过倡导新的生产方式与生活方式，引导广大农村地区和农民群众走上生产发展、生活富裕、生态良好的文明发展道路，加速推进新农村全面建设小康社会的进程。

到2010年初步解决农村环境脏、乱、差问题。农村地区工业企业污染防治取得阶段性成效，农村饮用水环境得到改善，规模化畜禽养殖污染基本得到控制，新增一批有机食品生产基地，生态示范创建活动全面展开，农村环境监管能力得到加强，公众环境意识进一步提高，农村环境得到初步改善。

环境优美乡镇创建

我国环境优美乡镇创建是农村小康环保行动内容之一。国家已命名了一批国家级环境优美乡镇。辽宁等省份同步展开了省级环境优美乡镇创建活动。

全国环境优美乡镇创建的基本要求主要包括编制或修订乡镇环境规划并认真实施；认真贯彻执行环境保护政策和法律法规，乡镇辖区内无滥垦、滥伐、滥采、滥挖，无捕杀、销售和食用珍稀野生动物现象；城镇布局合理、管理有序，街道整洁、环境优美，城镇建设与周围环境协调；镇郊及村庄环境整洁、无脏乱差现象，白色污染基本得到控制；乡镇环境保护社会氛围浓厚，群众对环境状况满意等等。

县级市、县以下各类建制镇和乡皆可申报创建环境优美乡镇。创建环境优美乡镇是推动新农村建设，实现环境与发展“双赢”的举措和载体，有利于促进小城镇和农村环境建设，提升生态文明水平。

千乡万村环保科普行动

千乡万村环保科普行动是农村小康环保行动内容之一。辽宁、云南、新疆、宁夏、青海和浙江6省区率先开展了此项行动。

行动的重点围绕防治农村饮用水和土壤污染进行，主要包括加大对土地塑料地膜污染防治、规模化养殖业污染的治理力度，推广合理使用农药、化肥，建设节水农业、生态农业，扩大无公害农产品、绿色食品和有机食品生产规模，推广绿色堆肥、秸秆资源化利用和沼气普及应用，加快村庄绿化、改水、改厕、改厨和改圈步伐，建设生活垃圾、污水处理设施，强化农村环境脏乱差治理，开展生态环保与节能减排等活动。

动员和组织科技、环保志愿者，实施乡村师资培训，形成“教师—学生—家庭”科普知识与技能的传播链，扩大受教育面，实施科技带头人和致富能手及村、乡、镇干部培训，推广生态农业。同时，运用报告会、专题讲座、科技咨询、科普展览以及文艺演出、宣传栏和板报、影视和广播等多种形式，通过编发挂图、小报、传单和VCD等宣传教育资料，向广大农民和学生传播生态环保与节能减排知识、技能和技巧。

环保模范城市创建

我国环保模范城市创建活动于1997年启动。国家已命名沈阳、大连等全国环保模范城市和城区32个。

实施可持续发展战略，推进环境与经济社会协调发展，促进社会文明昌盛、经济快速发展、生态良性循环、资源合理利用，实现环境质量良好、城市优美洁净，生活舒适便捷、居民健康长寿，是21世纪我国城市建设的发展方向和目标。

国家环境保护模范城市考核指标：

社会经济——人均GDP>1亿元(西部城市可选择市区人均GDP>1.5亿元)，经济持续增长率高于全国平均增长水平；人口出生率<国家计划指标；单位GDP能耗<全国城市平均水平；单位GDP用水量<全国城市平均水平。

环境质量——全年API指数<100的天数占全年天数的80%；集中式

饮用水水源地水质达标率>96%；城市水域功能区水质达标率为100%，市内无劣V类水体；区域环境噪声平均值<60dB(A)；交通干线噪声平均值<70dB(A)。

环境建设——自然保护区覆盖率>5%；建成区绿化覆盖率>35%(西部城市可选择人均园林绿地面积>全国平均水平)；城市生活污水处理率>60%；工业废水排放达标率>95%；城市气化率>90%；城市集中供热率>30%；生活垃圾无害化处理率>80%；工业固体废物处置利用率>70%，无危险废物排放；烟尘控制区覆盖率>90%；噪声达标区覆盖率>60%。

环境管理——城市环境管理目标责任制落实到位，制定“创模”规划并分解实施，环境保护机构独立建制，公众对城市环境的满意率>80%，中小学环境教育普及率>80%；按期完成总量控制计划。

环境友好企业的创建

我国环境友好企业创建活动于2003年启动。国家已命名国家级环境友好企业38家。

工业企业是环境污染的主要源头之一。环境友好企业创建，借鉴了发达国家防治污染和提高能效理念，根据污染防治、环境管理、产品等要素对环境的影响程度，设置了22项考核指标。要求企业的清洁生产、污染治理、节能降耗和资源综合利用等项指标处于国内领先水平；在原材料采购、工艺选择、生产过程管理、环境指标和履行社会责任方面，达到国家环境友好

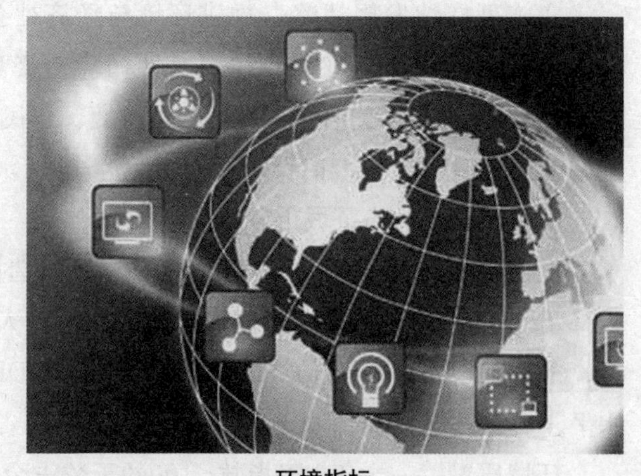

环境指标

企业标准；带动和促进全国工业企业推行清洁生产，深化工业污染防治和节能减排，走可持续发展实践循环经济的新兴生态工业化道路。

凡具有独立法人资格的所有工业企业，皆可申报创建环境友好企业。凡获得国家环境友好企业称号的企业，可享受优先安排环保资金等项环保优惠政策。

环境友好企业创建的基本要求主要包括环境、管理和产品三大类指标。

环境指标——企业排放的各类污染物，要稳定达到国家或地方规定的排放标准和污染物排放总量控制指标；单位产品的综合能耗、单位产品水耗、单位工业产值主要污染物减排量和废物综合利用率，均达到国内同行业领先水平；建立完善的环境管理体系。

管理指标——自觉实施清洁生产，采用先进的清洁生产工艺；新、改、扩建项目环境影响评价和“三同时”制度执行率达到100%，并经环保部门验收合格；环保设施稳定运转率达到95%以上；工业固体废物、危险废物安全处置率均达到100%；厂区清洁优美，厂区绿化覆盖率达到35%以上；排污口符合规范化整治要求，主要排污口按规定安装主要污染物在线监控装置，并保证正常运行；依法进行排污申报登记，领取排污许可证，并按规定缴纳排污费；三年内无重复环境信访案件，无环境污染事故；环境管理纳入企业标准化管理体系，有健全的环境管理机构和制度；企业环境保护档案完整，各种基础数据资料齐全，有企业定期自行监测或委托监测的监测数据；企业周围居民和企业员工，对企业环保工作满意率达到90%以上；企业自愿继续削减污染物排放量。

产品指标——在产品及其生产过程中，不得含有或使用我国法律、法规、标准规定禁用的物质。在环境标志认证范围之内的产品，要按照环境标志产品认证标准进行考核；对已经获得环境标志的产品不再考核。